全国职业技术院校模具制造/模具设计专业教材

模具制造综合实训

人力资源和社会保障部教材办公室组织编写

中国劳动社会保障出版社

简　介

本书主要内容包括冷冲压模具制造、装配与调试，注塑模具制造、装配与调试。

本书由黄达辉主编，巫志华、农学、罗莹艳、汤一帆、谢全参加编写，米光明主审。

图书在版编目（CIP）数据

模具制造综合实训/人力资源和社会保障部教材办公室组织编写. —北京：中国劳动社会保障出版社，2016

全国职业技术院校模具制造/模具设计专业教材

ISBN 978-7-5167-2783-6

Ⅰ.①模…　Ⅱ.①人…　Ⅲ.①模具-制造-职业教育-教材　Ⅳ.①TG76

中国版本图书馆 CIP 数据核字（2016）第 256895 号

中国劳动社会保障出版社出版发行

（北京市惠新东街 1 号　邮政编码：100029）

*

北京市白帆印务有限公司印刷装订　　新华书店经销

787 毫米×1092 毫米　16 开本　10.75 印张　218 千字

2016 年 11 月第 1 版　2024 年 5 月第 4 次印刷

定价：20.00 元

营销中心电话：400-606-6496

出版社网址：http://www.class.com.cn

http://jg.class.com.cn

为了更好地适应全国职业技术院校模具类专业的教学要求，全面提升教学质量，人力资源和社会保障部教材办公室组织有关学校的骨干教师和行业、企业专家，对全国中等职业技术学校和高等职业技术院校模具类专业教材进行了修订和补充开发。教材的修订和开发以人力资源社会保障部颁布的《技工院校模具制造专业教学计划和教学大纲（2016）》与《技工院校模具设计专业教学计划和教学大纲（2016）》为依据，充分调研了企业生产和学校教学情况，广泛听取了教师对现行教材使用情况的反馈意见，吸收和借鉴了各地职业技术院校教学改革的成功经验。

教材体系

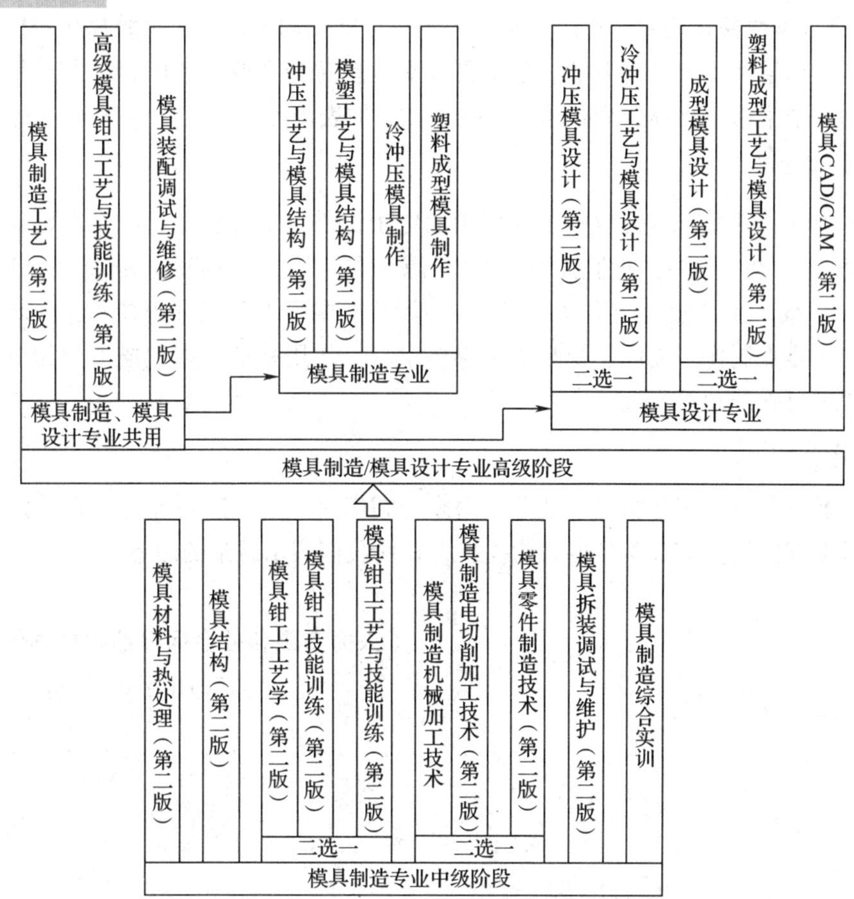

适用对象

模具制造/模具设计专业中级、高级两个层次和以下3种学制：

- 初中毕业生3年学制培养中级工
- 高中毕业生3年学制培养高级工
- 初中毕业生5年学制培养高级工

编写特色

◆ **紧贴国家职业标准** 紧密贴合《中华人民共和国职业分类大典（2015年版）》中对模具工等职业的职业能力要求，同时参照了模具工、工具钳工等国家职业技能标准。

◆ **体现行业技术发展** 根据模具行业的最新发展，在教材中充实模具制造、设计方面的新技术，如模具CAD/CAM/CAE技术、快速成型技术、多轴数控加工技术、微细加工技术等，体现教材的先进性。

◆ **更新国家技术标准** 采用最新的国家技术标准，如《工模具钢》（GB/T 1299—2014）、《冲压件尺寸公差》（GB/T 13914—2013）、《冲压件角度公差》（GB/T 13915—2013）等，使教材内容更加科学和规范。

◆ **符合学生阅读习惯** 在呈现形式上，尽可能使用图片、实物照片和表格等形式将知识点生动地展示出来，力求让学生更直观地理解和掌握所学内容。尤其是在教材插图的制作中采用了立体造型技术，增强了教材的表现力。

教学服务

本套教材全部配有方便教师上课使用的电子课件，部分教材还配有习题册，电子课件等教学资源可通过职业教育教学资源和数字学习中心（http：// zyjy. class. com. cn）下载。在《模具结构（第二版）》等教材中引入了二维码技术，针对书中的教学重点和难点制作了动画、视频等多媒体素材，使用移动终端扫描书中相应位置处的二维码即可在线观看。

致谢

本次教材的开发工作得到了江苏、山东、湖南、广东、广西等省（自治区）人力资源和社会保障厅及有关学校的大力支持，在此我们表示诚挚的谢意。

人力资源和社会保障部教材办公室

2016年6月

目　录
Contents

冷冲压模具制造、装配与调试

冷冲压模具是安装在压力机上，在室温下施加变形力获得一定形状、尺寸和性能的产品零件的特殊工艺装备。本模块以垫圈复合冲裁模为例，进行冷冲压模具制造、装配与调试的综合实训。

任务一　冷冲压模具装配图与零件图识读

工作任务

为了在压力机上高效、高质完成垫圈（图 1—1—1）的冲裁加工，要制造一副垫圈复合冲裁模。在制造垫圈复合冲裁模之前，首先要识读该模具装配图及零件图，为冲裁模的零件加工和模具装配、调试做好准备。模具装配图和零件图是模具生产过程中重要的工艺文件。

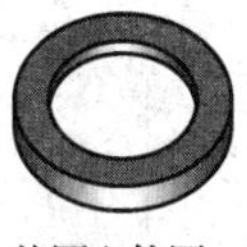

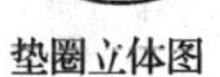

垫圈冲裁排样图

图 1—1—1　垫圈零件及垫圈冲裁排样图

相关知识

一、模具装配图识读

1. 模具装配图的主要内容

模具与任何复杂的机器一样都是由若干个部件组成，而这些部件又是由若干个零件装配而成。表示模具及其组成部分连接、装配关系的图样，称为模具装配图。模具装配图是指导生产的重要技术文件。在模具生产中，无论是新产品的开发，还是进行产品的仿制、改造，都要先画出装配图，由装配图画出零件图；制造部门再按照零件图制造零件，然后根据装配图将零件装配成模具。模具装配图应清晰地表达模具的结构特征、工作原理及各零件之间的装配关系。模具装配图的内容具体见表1—1—1。

表1—1—1　　模具装配图的内容

装配图的内容	说　明
一组视图	主要用来表达模具的工作原理、零件间的装配关系与连接方式及主要零件的结构形状等
必要的尺寸	标出反映模具规格、外形、装配以及与成型设备安装所需的必要尺寸和一些重要尺寸
技术要求	用符号、代号或文字说明模具在装配、检验、安装、调试等方面应达到的技术指标
明细栏、标题栏	在装配图中，必须对每个零件编号，并在明细栏中依次列出零件序号、名称、数量、材料等。标题栏中，写明装配体的名称、图号、绘图比例以及有关人员的签名等

2. 模具装配图的布置规范

要正确识读模具装配图，首先必须掌握模具装配图面的布置规范。以冷冲压模具装配图为例说明装配图的布置，如图1—1—2所示。

(1) 位置1（即图样的左上角）是档案编号。如果这份图样将来要归档，就应在该处编上档案号（档案号书写方向与图形方向相反，是倒写的），以便存档。不能随意在此处填写其他内容。

(2) 位置2通常布置模具结构主视图。主视图一般反映模具的结构特征。主视图四周一般与其他图以及外框线之间应保持有50～60 mm的空白，一般优先采用1∶1的比例。如果比例1∶1不合适，可采用《机械制图国家标准》上推荐的比例。

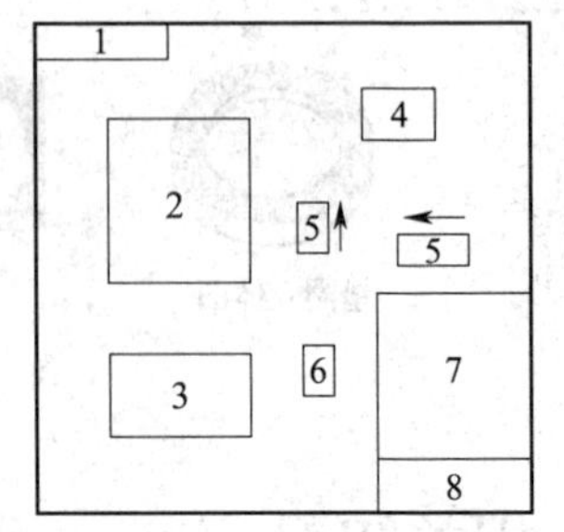

图1—1—2　冷冲压模具装配图布置示意图

1—档案编号处　2—布置主视图　3—布置俯视图　4—布置产品图　5—布置排样图　6—技术要求说明处　7—明细表　8—标题栏

(3) 位置3布置模具结构俯视图。俯视图一般反映模具的形状特征。俯视图应绘制冷冲压模具拿走上模部分后的结构形状，重点反映下模部分所安装的工作零件的情况。俯视图与边框、主视图、标题栏和明细表之间也应保持50～60 mm的空白。

(4) 位置4布置冷冲压制件图。在冷冲压制件图的右方或下方标注制件的名称、材料及料厚等。对于不能在一道工序内完成的产品，装配图上应画出该道工序图，并且还要标注该道工序有关的尺寸。

(5) 位置5布置排样图。排样图上的送料方向与模具结构图上的送料方向必须一致，以使读图人员一目了然。

(6) 位置6写明主要技术要求。技术要求包括模具的闭合高度、标准模架及代号、装配要求和所用的冷冲压设备型号等。

(7) 位置7和8布置明细栏及标题栏。明细栏及标题栏的填写要点如下：

1) 明细栏至少应有序号、图号、零件名称、数量、材料、标准代号和备注等栏目。

2) 在填写零件名称一栏时，名称的首尾两字对齐，中间的字则均匀插入。

3) 在填写图号一栏时，应给出所有零件图的图号。数字序号一般应与序号一样，以主视图画面为中心，按顺时针旋转的顺序依次编定。因为模具装配图的图号一般为00，所以明细栏中的零件图号应从01开始计数。

4) 备注一栏主要标识标准件、热处理、外购或外加工等，一般不另注其他内容。

(8) 位置8布置标题栏。标题栏主要填写的内容有模具名称、制图比例及签名等内容，其余内容可不填。

二、模具零件图识读

1. 模具零件图的主要内容

与任何机器或部件相同，模具也是由许多零件组成。表达单个零件的结构形状、尺寸大小及技术要求等内容的图样称为零件图。模具零件图是制造和检验零件的主要依据，是设计部门提交给生产部门的重要技术文件，也是进行技术交流的重要资料。零件图的内容见表1—1—2。

表1—1—2 零件图的内容

零件图的内容	说　明
一组视图	综合运用视图、剖视图、剖面及其他规定和简化画法，清楚地表达零件内外的结构形状
完整的尺寸	是指标注制造、检验零件所需的全部定形、定位尺寸
技术要求	用规定的符号、数字、字母和文字注解，简明、准确地给出加工零件的一些技术要求，如表面粗糙度、尺寸公差、几何公差
标题栏	包括零件的名称、材料、比例和图的编号等，以及相关责任人的签字等

2. 模具零件图的识读步骤

识读零件图的方法主要有形体分析法、线面分析法、典型零件类比法。实际识读零件图时，三种方法常常综合运用，先用类比法，如果有些地方看不懂，再用形体分析法或线面分析法看难懂的地方。识读零件图目的就是根据零件图想象零件的结构、了解零件的尺寸和技术要求。识读零件图可以概括为“四看”，即：一看标题栏，了解零件概况；二看视图，想象零件形状；三看尺寸标注，分析尺寸基准；四看技术要求，掌握关键质量。零件图的识读步骤及内容如图 1—1—3 所示。

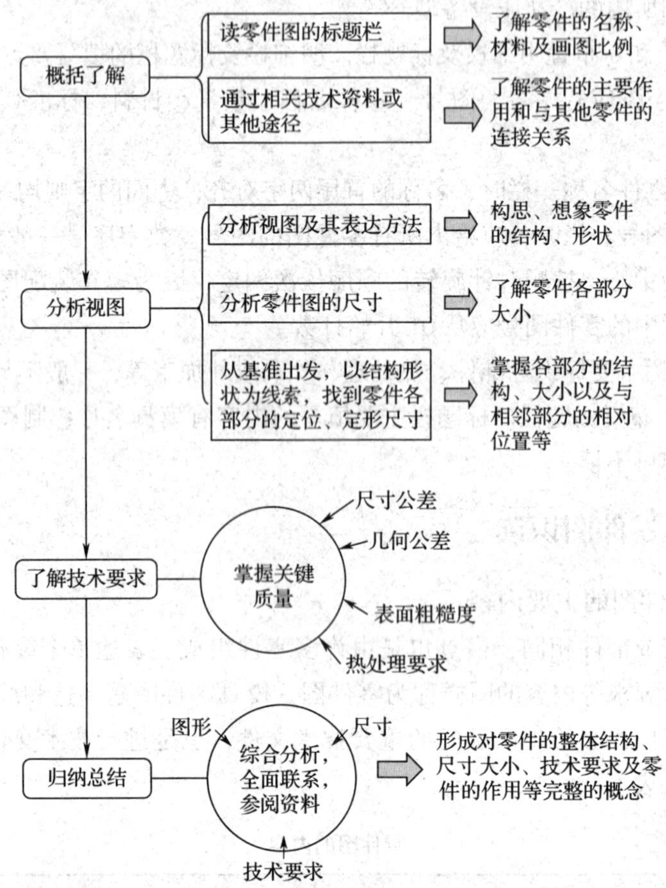

图 1—1—3　零件图的识读步骤及内容

三、冷冲压模具的分类

冷冲压模具的分类方法很多，如根据工序组合程度、冷冲压工艺性质、导向方式、机械化程度、模具材料、模具尺寸等进行分类，具体种类见表 1—1—3。

表 1—1—3　冷冲压模具的分类

分类标准	具体种类	分类标准	具体种类	
工序组合程度	单工序模	导向方式	无导向	开式模
	复合模（在同一工位上）		有导向	导板模

续表

分类标准	具体种类	分类标准	具体种类	
工序组合程度	级进模（在不同工位上）	导向方式	有导向	导柱模
				导筒模
冷冲压工艺性质	冲裁模	机械化程度	手动模	
	弯曲模		半自动化模	
	拉深模		自动化模	
	成型模			
模具材料	硬质合金模	模具尺寸	小型模具	
	锌基合金模		中型模具	
	薄板模		大型模具	
	钢带模			
	聚氨酯橡胶模			

四、冷冲压模具的结构组成

冷冲压模具基本结构分为上模和下模。上模由模柄、上模座、导套、凸模、垫板、固定板、卸料板和螺钉以及销钉等零件组成；下模由下模座、导柱、凹模、导料板（侧面导板）、承料板、挡料板和螺钉、销钉等零件组成。冷冲压模具的结构组成如图1—1—4所示。

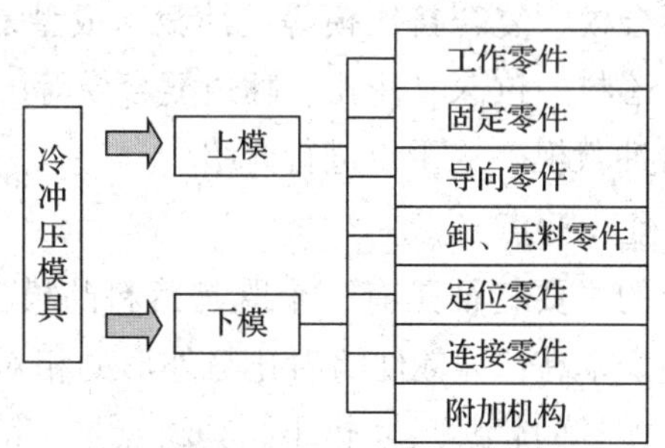

图1—1—4　冷冲压模具的结构组成

冷冲压模具零件或构件的类别、作用见表1—1—4。

冷冲压模具零件通常分为两大类：一类是工艺零件，这类零件直接参与工艺过程的完成，并和坯料有直接接触，包括工作零件，定位零件，卸、压料零件等；另一类是结构零件，不直接参与完成工艺过程，也不和坯料直接接触，只对模具完成工艺过程起保证作用，或对模具功能起完善作用，包括固定零件、导向零件、连接零件等。不是所有的冲压模具都必须具备这六种零件，尤其是单工序模，但是工作零件和必要的固定零件是不可缺少的。

表 1—1—4　　冷冲压模具零件或构件的类别、作用

类别	具体零件	作用
工作零件	凸模、凹模、凸凹模等	直接对毛坯和板料进行冲压加工
固定零件	上模座、下模座、凸模固定板、凹模固定板、垫板、模柄	将凸模、凹模等固定于上、下模上，以及将上、下模固定于压力机上
导向零件	导柱、导套、导板等	确定上、下模的相对位置，保证运动导向精度
卸、压料零件	卸料板、推板、推杆、打杆、顶件块、顶杆、压边圈等	把制件或冲压原料从模具中脱出，以及确保冲压过程中制件的定位不被改变
定位零件	定位销、定位板、挡料销、导正销、导料板、限位块等	保证送料和冲压时材料的正确位置
连接零件	螺栓、销钉、键等	保证零件间的相互位置正确，把相关联的零件固定或连接起来
附加机构	斜楔、凸轮、滑块、铰链、分度机构等	传动及改变工作运动方向

五、复合冲裁模的类型及结构

复合模是在压力机（又称为冲床）滑块的一次工作行程中，在模具的同一工位上同时完成两道或两道以上冲压工序的模具。常见的复合模有落料和冲孔复合模、落料和首次拉深复合模。其他组合复合模还有：冲裁类复合模，如切断、冲孔复合模等；成型类复合模，如弯曲复合模、复合挤压模等；冲裁与成型复合模，冲孔、翻边复合模，拉深、切边复合模，落料、拉深、冲孔、翻边复合模等。本课题以落料和冲孔复合冲裁模（以下简称复合冲裁模）为重点进行介绍。

1．复合冲裁模的特征、特点

复合冲裁模在结构上的主要特征是有一个既是落料凸模又是冲孔凹模的凸凹模。这类复合模的优点是：生产率高；冲裁件的内孔与外形的相对位置精度高；板料的定位精度要求比级进模低；模具的轮廓尺寸较小。其缺点是：结构复杂；制造精度要求高，成本高；并且凸凹模容易受到最小壁厚的限制，而使得一些内孔间距、内孔与边缘间距较小的制件不宜采用。由于复合冲裁模本身所具有的优点较明显，因此其广泛适用于生产批量大、精度要求高的冲压件。

2．正装式、倒装式复合冲裁模

根据落料凹模在模具中的安装位置划分，复合冲裁模可分为正装式和倒装式两种。落料凹模布置在下模的，称为正装式复合冲裁模，如图 1—1—5 所示。生产中，由于正装式复合冲裁模冲裁的工件和冲孔废料都落在凹模面上，必须加以清除后才能进行下一次冲压，因此其操作不便，也不安全，多孔零件不易采用这种结构。但如果其采用弹性顶件装置，冲裁时条料被凸模、凹模和弹性顶件器压紧，则可冲出比较平整的制件。平直度要求比较高，冲裁时弯曲较大的薄料工件采用正装式复合冲裁模较适宜。

落料凹模布置在上模的，称为倒装式复合冲裁模，如图 1—1—6 所示。这类模具结构简单，不必清除废料，操作方便，生产中应用较广。

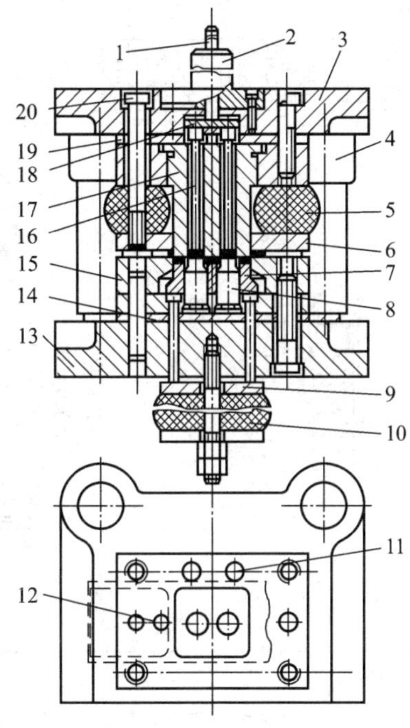

图 1—1—5 正装式复合冲裁模

1—打杆 2—模柄 3—上模座 4—导套 5—卸料橡胶 6—弹性卸料板 7—顶件块 8—冲孔凸模 9—橡胶夹板 10—顶件橡胶 11—导料钉 12—固定挡料销 13—下模座 14—下垫板 15—落料凹模 16—推杆 17—凸凹模 18—推板 19—上垫板 20—卸料螺钉

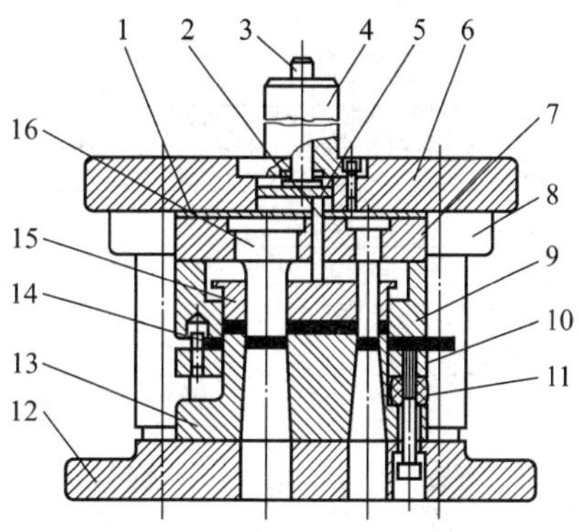

图 1—1—6 倒装式复合冲裁模

1—垫板 2—连接推杆 3—打杆 4—模柄 5—顶板 6—上模座 7—凸模固定板 8—导套 9—落料凹模 10—卸料板 11—卸料橡胶 12—下模座 13—凸凹模 14—挡料销 15—推件块 16—冲孔凸模

任务实施

一、识读垫圈复合冲裁模装配图

熟练地识读模具装配图，并参考装配图正确地识读零件图，是每个模具工程技术人员和技术工人必备的基本技能之一。识读装配图的目的是：了解模具及零件的性能、用途和工作原理；了解各零件间的装配关系及拆装顺序；了解各零件的主要结构形状和作用。下面以垫圈复合冲裁模装配图（图 1—1—7）为例，说明识读装配图的方法与步骤。

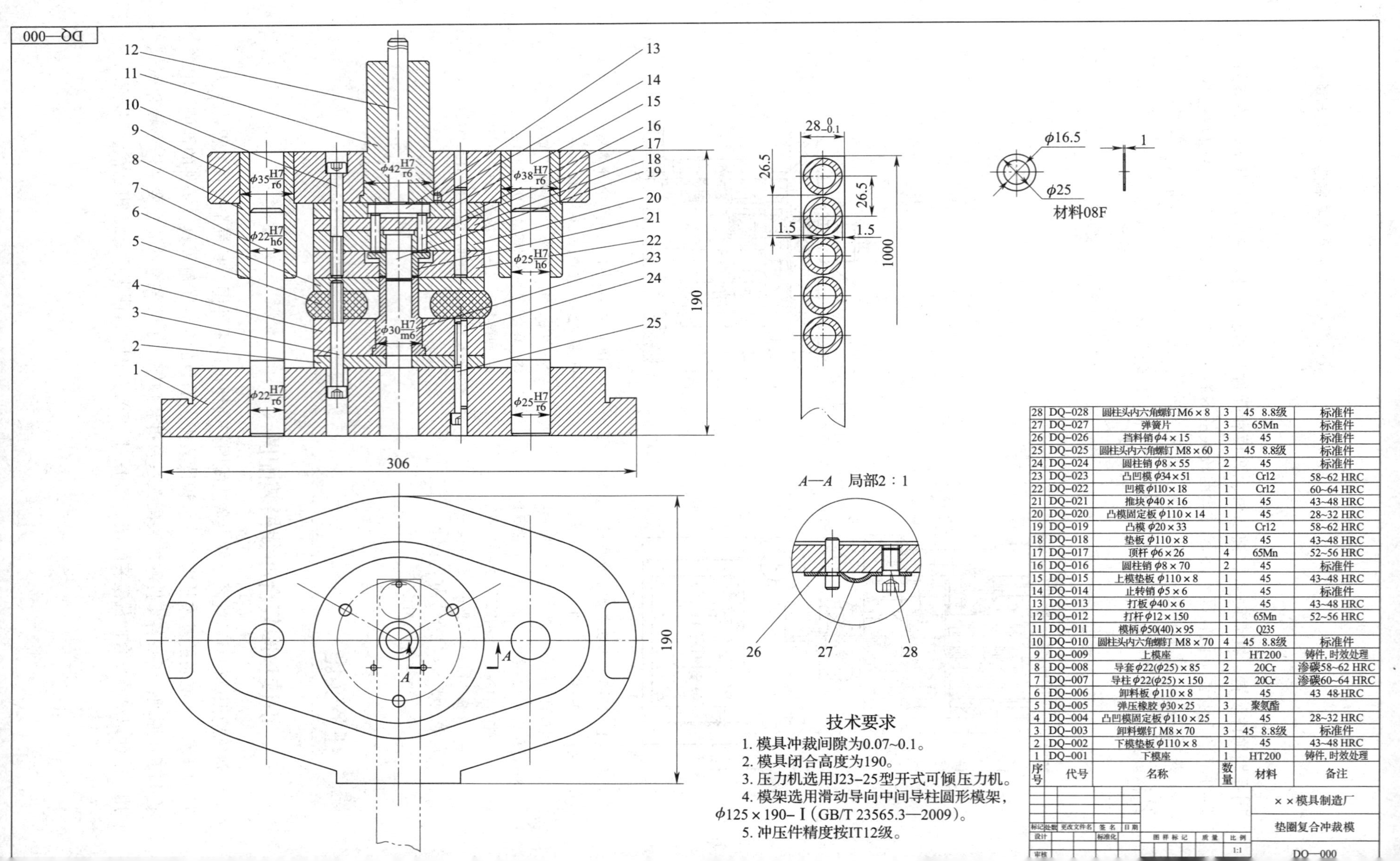

技术要求

1. 模具冲裁间隙为0.07~0.1。
2. 模具闭合高度为190。
3. 压力机选用J23-25型开式可倾压力机。
4. 模架选用滑动导向中间导柱圆形模架，$\phi125\times190$–Ⅰ（GB/T 23565.3—2009）。
5. 冲压件精度按IT12级。

序号	代号	名称	数量	材料	备注
28	DQ–028	圆柱头内六角螺钉M6×8	3	45　8.8级	标准件
27	DQ–027	弹簧片	3	65Mn	标准件
26	DQ–026	挡料销φ4×15	3	45	标准件
25	DQ–025	圆柱头内六角螺钉 M8×60	3	45　8.8级	标准件
24	DQ–024	圆柱销 φ8×55	2	45	标准件
23	DQ–023	凸凹模 φ34×51	1	Cr12	58~62 HRC
22	DQ–022	凹模 φ110×18	1	Cr12	60~64 HRC
21	DQ–021	推块 φ40×16	1	45	43~48 HRC
20	DQ–020	凸模固定板 φ110×14	1	45	28~32 HRC
19	DQ–019	凸模 φ20×33	1	Cr12	58~62 HRC
18	DQ–018	垫板 φ110×8	1	45	43~48 HRC
17	DQ–017	顶杆 φ6×26	4	65Mn	52~56 HRC
16	DQ–016	圆柱销 φ8×70	2	45	标准件
15	DQ–015	上模垫板 φ110×8	1	45	43~48 HRC
14	DQ–014	止转销 φ5×6	1	45	标准件
13	DQ–013	打板 φ40×6	1	45	43~48 HRC
12	DQ–012	打杆 φ12×150	1	65Mn	52~56 HRC
11	DQ–011	模柄 φ50(40)×95	1	Q235	
10	DQ–010	圆柱头内六角螺钉 M8×70	4	45　8.8级	标准件
9	DQ–009	上模座	1	HT200	铸件，时效处理
8	DQ–008	导套 φ22(φ25)×85	2	20Cr	渗碳58~62 HRC
7	DQ–007	导柱 φ22(φ25)×150	2	20Cr	渗碳60~64 HRC
6	DQ–006	卸料板 φ110×8	1	45	43　48 HRC
5	DQ–005	弹压橡胶 φ30×25	3	聚氨酯	
4	DQ–004	凸凹模固定板 φ110×25	1	45	28~32 HRC
3	DQ–003	卸料螺钉 M8×70	3	45　8.8级	标准件
2	DQ–002	下模垫板 φ110×8	1	45	43~48 HRC
1	DQ–001	下模座	1	HT200	铸件，时效处理

1. 概括了解

识读模具装配图时，首先要仔细读标题栏和明细栏，从中了解该模具的名称，组成该模具的零件名称、数量、材料以及标准件的规格等。根据视图的大小、绘图比例和装配体的外形尺寸等，对装配体有一个初步印象。

从标题栏中可看出，模具名称为“垫圈复合冲裁模”，其结构属于倒装式冲孔和落料复合模。从明细栏和图上的零件序号中，可看出该模具的零件组成，其中含有标准件。垫圈复合冲裁模和其他的冷冲压模具的构成一样，是由以下部分组成的：

（1）工作零件，包括直接对坯料、板料进行冲压加工的零件，如冲孔凸模 19、落料凹模 22 和凸凹模 23。

（2）定位零件，确定坯料在冲裁模中正确位置的零件，如挡料销 26。

（3）卸、压料零件，将冲切后的零件或废料从模具中卸下来的零件，如卸料板 6。

（4）导向零件，用以确定上、下模的相对位置，保证运动导向精度的零件，如导柱 7、导套 8。为避免模具装配过程中出现错误，左右导柱、导套的尺寸设计成不相同的。

（5）固定零件，将凸、凹模分别固定于上、下模上及将上、下模固定在压力机上的零件，如凸模固定板 20、凸凹模固定板 4、上模座 9、下模座 1 等。

（6）连接零件，把模具上所有的零件连接成一个整体的零件，如圆柱头内六角螺钉 10（标准件）、圆柱销 16（标准件）。

2. 分析视图，明确表达目的

首先，要找到主视图，再根据投影关系识别出其他视图；然后，找出剖视图、断面图所对应的剖切位置，明确各视图表达的意图和重点，为下一步深入识图做准备。

（1）分析主视图

主视图为全剖视图，重点表达模具的装配总干线、工作原理及大部分相邻零件间的配合和连接关系。如图 1—1—7 所示，垫圈复合冲裁模处于闭合状态，表示该模具正处于工作状态，能够反映模具的结构特征。模具大致分为上模组件和下模组件，上模组件与下模组件通过导柱和导套连接。上模组件通过模柄与压力机连接，下模组件利用压板与工作台连接。

（2）分析俯视图

俯视图是基本视图，重点表达下模部分的形状特征，采用了拆卸画法，即拆去了上模组件。

（3）分析局部剖视图

局部剖视图反映了弹性挡料销的工作原理。

（4）分析制件零件图

制件为内孔 $\phi16.5$ mm，外径 $\phi25$ mm，厚度 1 mm 的垫圈，材料为沸腾钢 08F。

（5）分析排样图

排样图表达了冲压条料下料尺寸为 $28_{-0.1}^{\ 0}$ mm × 1 000 mm，步距为 26.5 mm，搭边

宽度为 1.5 mm。

3. 分析工作原理与装配关系

(1) 垫圈复合冲裁模的工作原理

该模具的结构属于倒装式复合冲裁模。模具冲压时，条料放置在冲压区域，压力机滑块向下运动，落料凹模 22 压紧条料与卸料板 6，接着冲孔凸模 19 的底面接触到坯料上表面，坯料开始受到剪切力的作用，随后冲裁出工件的内孔，然后凸凹模 23 进入落料凹模 22 冲裁出工件的外形。冲孔的废料可以从压力机的工作台孔中漏下，操作方便；当压力机滑块向上移动到达上止点时，冲出的工件靠刚性推件装置（打杆 12、打板 13、顶杆 17、推块 21）从落料凹模 22 中推出，从而得到产品垫圈；由于弹压橡胶 5 的作用，卸料板 6 将包裹在凸凹模 23 上的条料顶出。这时，垫圈复合冲裁模即完成一次工作循环。

(2) 垫圈复合冲裁模主要零件配合关系

通过分析垫圈复合冲裁模主要零件之间的位置关系和工作原理，查阅相关手册，可以得到垫圈复合冲裁模主要零件的配合关系，具体见表 1—1—5。

表 1—1—5　　垫圈复合冲裁模主要零件的配合关系

配合零件名称	基本尺寸	配合关系
导柱与导套	ϕ22、ϕ25 mm	Ⅰ级精度模架采用 H6/h5 Ⅱ级精度模架采用 H7/h6
导柱与下模座	ϕ22 mm、ϕ25 mm	H7/r6、H7/h6
导套与上模座	ϕ35、ϕ38 mm	H7/r6
模柄与上模座	ϕ42 mm	H7/r6
凸模与凸模固定板	ϕ17.5 mm	H7/m6
推块与凹模	ϕ25 mm	间隙 0.1 ~0.25 mm
推块与凸模	ϕ16.5 mm	间隙 0.1 ~0.2 mm
凸凹模与凸凹模固定板	ϕ30 mm	H7/m6
凸凹模与卸料板	ϕ25 mm	间隙 0.1 ~0.2 mm
圆柱销与凸模固定板、上模垫板	ϕ8 mm	H7/m6

4. 分析技术要求

从垫圈复合冲裁模装配图中可以看出，该模具装配的主要技术要求包含以下几项内容：

(1) 模具冲裁间隙为 0.07 ~0.1 mm。

(2) 模具闭合高度为 190 mm。

(3) 压力机选用 J23—25 型开式可倾压力机。

(4) 模架选用滑动导向中间导柱圆形模架，规格 ϕ125 mm × 190 mm – Ⅰ，执行标准 GB/T 23565.3—2009。

（5）垫圈的制作精度按 IT12 级。

5. 归纳总结

通过上述对装配图的分析，构建垫圈复合冲裁模的三维立体图（图 1—1—8），明确模具结构特征，了解各零件之间相互位置和配合关系（图 1—1—9）。

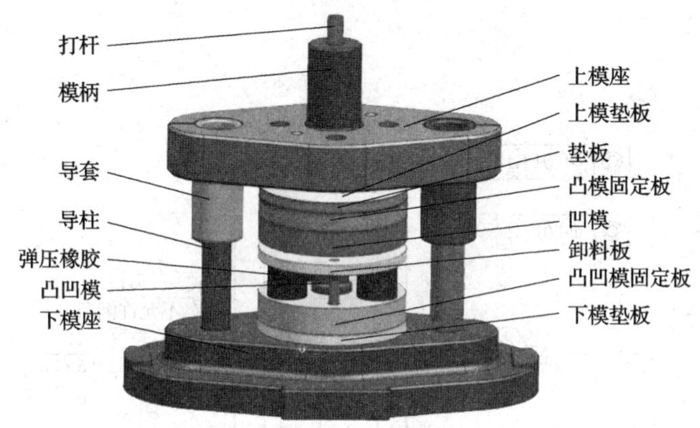

图 1—1—8 垫圈复合冲裁模的三维立体图

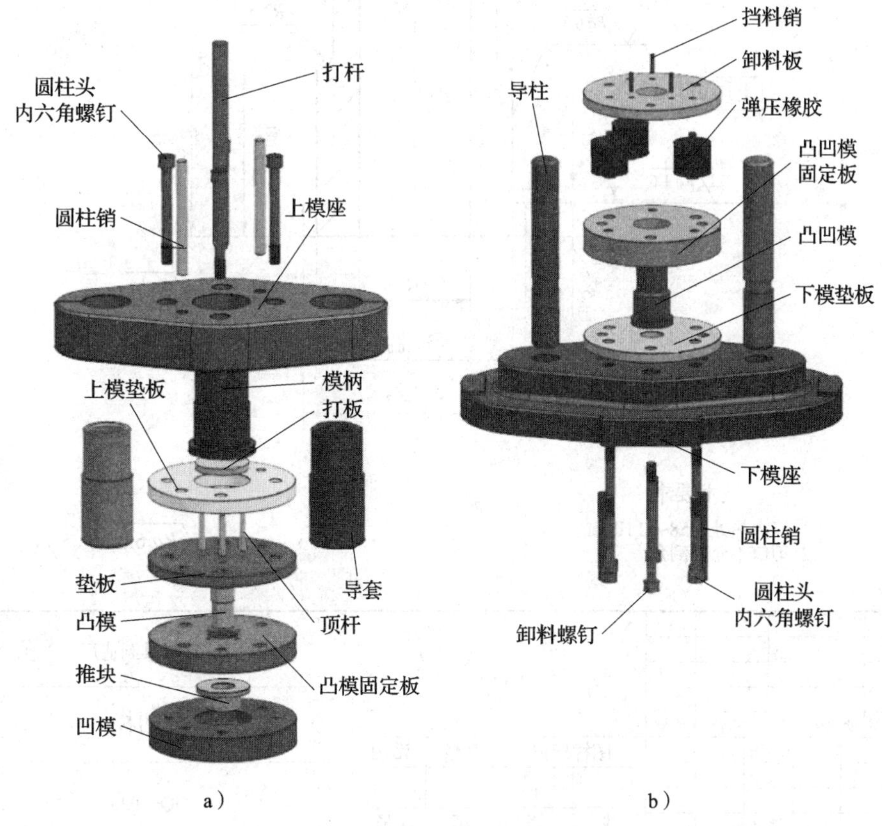

图 1—1—9 垫圈复合冲裁模装配示意图

a）上模 b）下模

二、识读垫圈复合冲裁模的零件图

以垫圈复合冲裁模的凸凹模 23 的零件图（图 1—1—10）为例，完成零件图的识读。

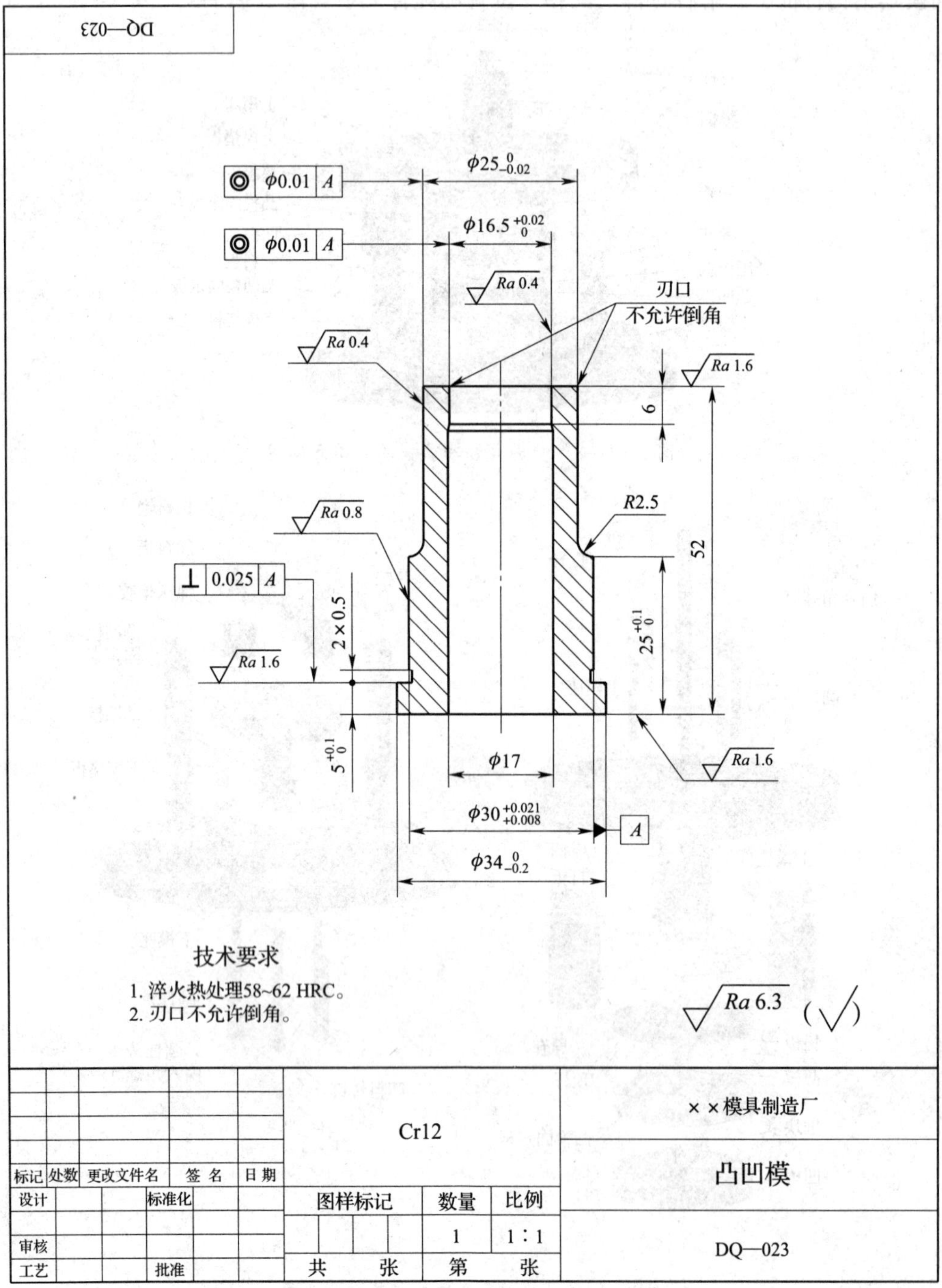

DQ—023

$\phi 25_{-0.02}^{0}$

$\phi 16.5_{0}^{+0.02}$

◎ $\phi 0.01$ A

◎ $\phi 0.01$ A

Ra 0.4

Ra 0.4

刃口
不允许倒角

Ra 1.6

6

R2.5

52

Ra 0.8

⊥ 0.025 A

2×0.5

$25_{0}^{+0.1}$

Ra 1.6

$5_{0}^{+0.1}$

$\phi 17$

Ra 1.6

$\phi 30_{+0.008}^{+0.021}$ A

$\phi 34_{-0.2}^{0}$

技术要求

1. 淬火热处理58~62 HRC。
2. 刃口不允许倒角。

Ra 6.3 （√）

标记	处数	更改文件名	签名	日期	Cr12				××模具制造厂
设计		标准化			图样标记		数量	比例	凸凹模
							1	1∶1	
审核									DQ—023
工艺		批准			共	张	第	张	

图 1—1—10　凸凹模

1. 看标题栏，了解零件概况

从标题栏可知，零件名称为“凸凹模”。凸凹模是同时具有落料凸模和冲孔凹模的工作零件，其材料为 Cr12 钢，属于轴类零件。

2. 看视图，想象零件形状

分析凸凹模的表达方案和形体结构。表达方案由单一主视图组成，主视图为全剖视图，已将凸凹模的主要结构表达清楚，即由几段不同直径的回转体组成。刃口是冲压成型的重要部分，不允许倒角，有落料凸模刃口和冲孔凹模刃口。落料凸模刃口与固定轴颈用圆弧连接，避免应力集中，固定轴颈根部有退刀槽；冲孔凹模刃口下部分孔径增加，方便排出废料。

3. 看尺寸标注，分析尺寸基准

分析凸凹模的尺寸，明确它的基准。落料凸模刃口尺寸（$\phi25^{\ 0}_{-0.02}$ mm）和冲孔凹模刃口尺寸（$\phi16.5^{+0.02}_{\ 0}$ mm）是零件的主要尺寸。凸凹模安装在下模组件中，固定轴颈与凸凹模固定板的配合尺寸为 $\phi30^{+0.021}_{+0.008}$ mm，属于过渡配合。径向基准为 $\phi30$ mm 凸凹模固定轴颈的中心线，长度方向的基准为凸凹模零件的底面。在保证安装尺寸的前提下，应保证冲孔凹模刃口的长度为 6 mm。

4. 看技术要求，掌握关键质量

落料凸模刃口尺寸和冲孔凹模刃口尺寸是重要的成型尺寸，与之对应的工作零件应保证冲裁间隙，且刃口的表面粗糙度值为 $Ra0.4$ μm。$\phi30$ mm 凸凹模固定轴颈处有配合要求，且尺寸精度较高，公差为 m6；表面粗糙度值为 $Ra0.8$ μm。以 $\phi30$m6 的轴颈轴线为基准，对刃口 $\phi25^{\ 0}_{-0.02}$、$\phi16.5^{+0.02}_{\ 0}$ mm 提出了同轴度要求（$\phi0.01$ mm）。技术要求中说明零件需要进行淬火热处理工艺，硬度达到 58 ~ 62 HRC。

5. 归纳总结

通过识读零件图，对凸凹模的作用、结构形状、尺寸大小、主要工艺方法及加工中的主要技术指标要求有了较清楚的认识。综合起来，即可得出凸凹模的总体印象，如图 1—1—11 所示。

在识读零件图的过程中，应该注意：上述步骤不可以机械地分开，往往要穿插进行。另外，对于较复杂的零件图，通常要参考有关技术资料（如装配图、相关零件的零件图及说明书等），才能完全看懂。对于有些表达不够清晰或完全的零件图，需要反复、仔细地分析。

图 1—1—11 凸凹模三维图

6. 识读其他零件图

参照凸凹模零件图的识读过程，自行识读该模具其他非标件的零件图，如图 1—1—12 ~ 图 1—1—28 所示。

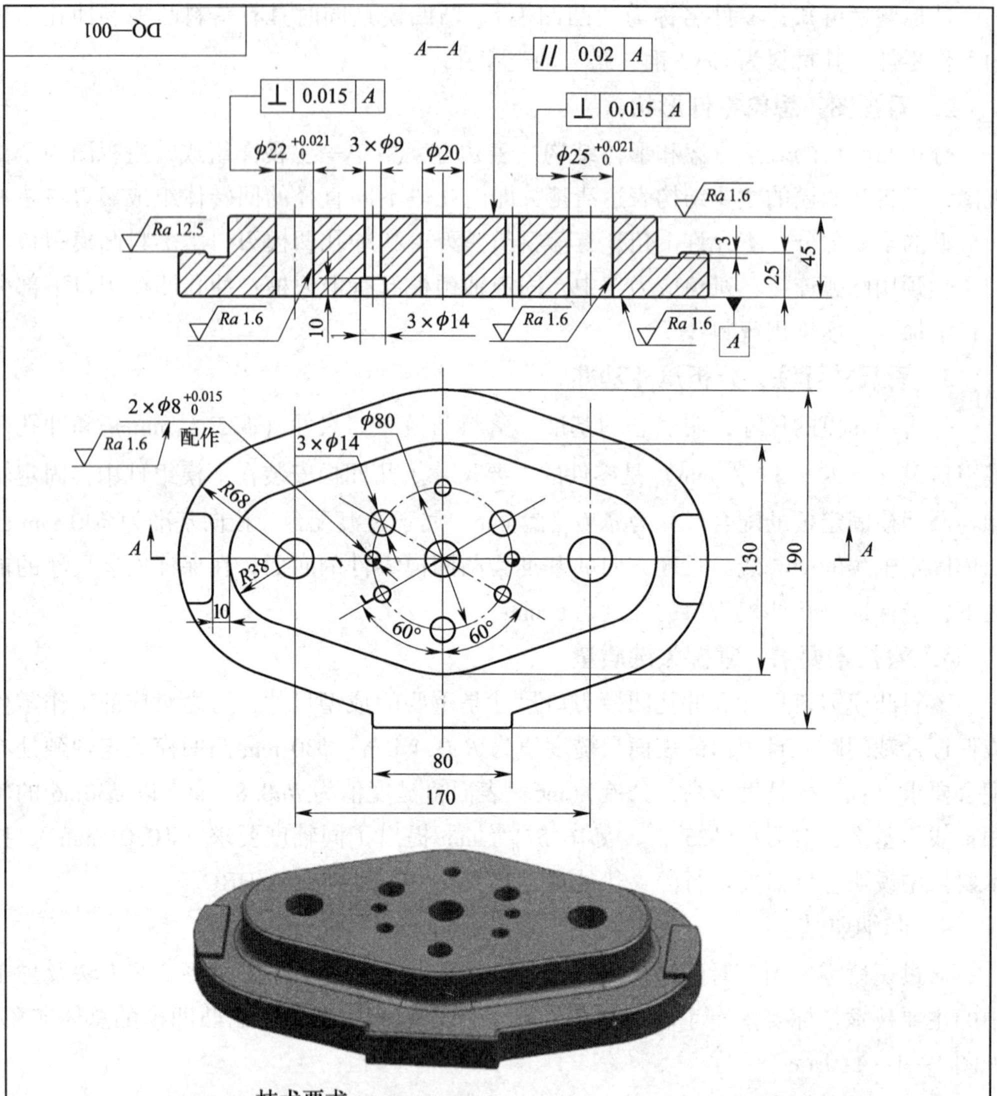

DQ—001

A—A

技术要求

1. 铸件不允许有疏松、气孔等缺陷，未注圆角为$R1\sim R5$。
2. 锐边倒角$C1\sim C3$。
3. 参照GB/T 2855.2—2008。

$\sqrt{Ra\ 6.3}$ ($\sqrt{}$)

标记	处数	更改文件名	签 名	日 期	HT200			××模具制造厂
设计		标准化			图样标记	数量	比例	下模座
审核						1	2∶5	DQ—001
工艺		批准			共　张	第　张		

图 1—1—12　下模座

DQ—002
// 0.025 A
Ra 0.8
8
Ra 0.8
A
ϕ110
ϕ80
$2\times\phi8^{+0.015}_{0}$
配作
ϕ18
6×ϕ9
60°
60°
技术要求
1. 淬火热处理43~48 HRC。
2. 锐边倒角C1~C3。
Ra 6.3 (√)
45
××模具制造厂
下模垫板
DQ—002
标记 处数 更改文件名 签 名 日 期
设计 标准化
审核
工艺 批准
图样标记 数量 比例
1 1∶2
共 张 第 张

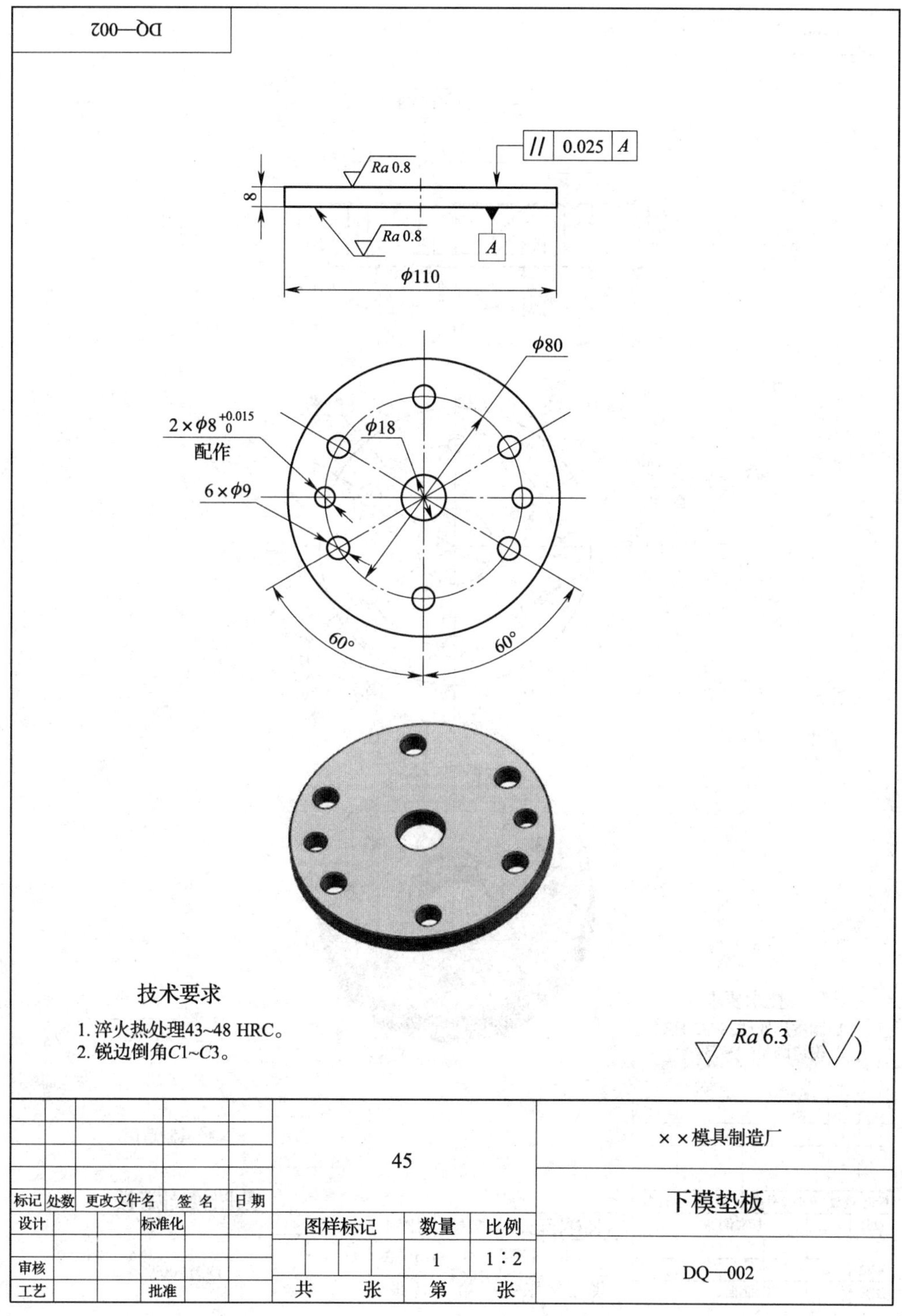

图 1—1—13 下模垫板

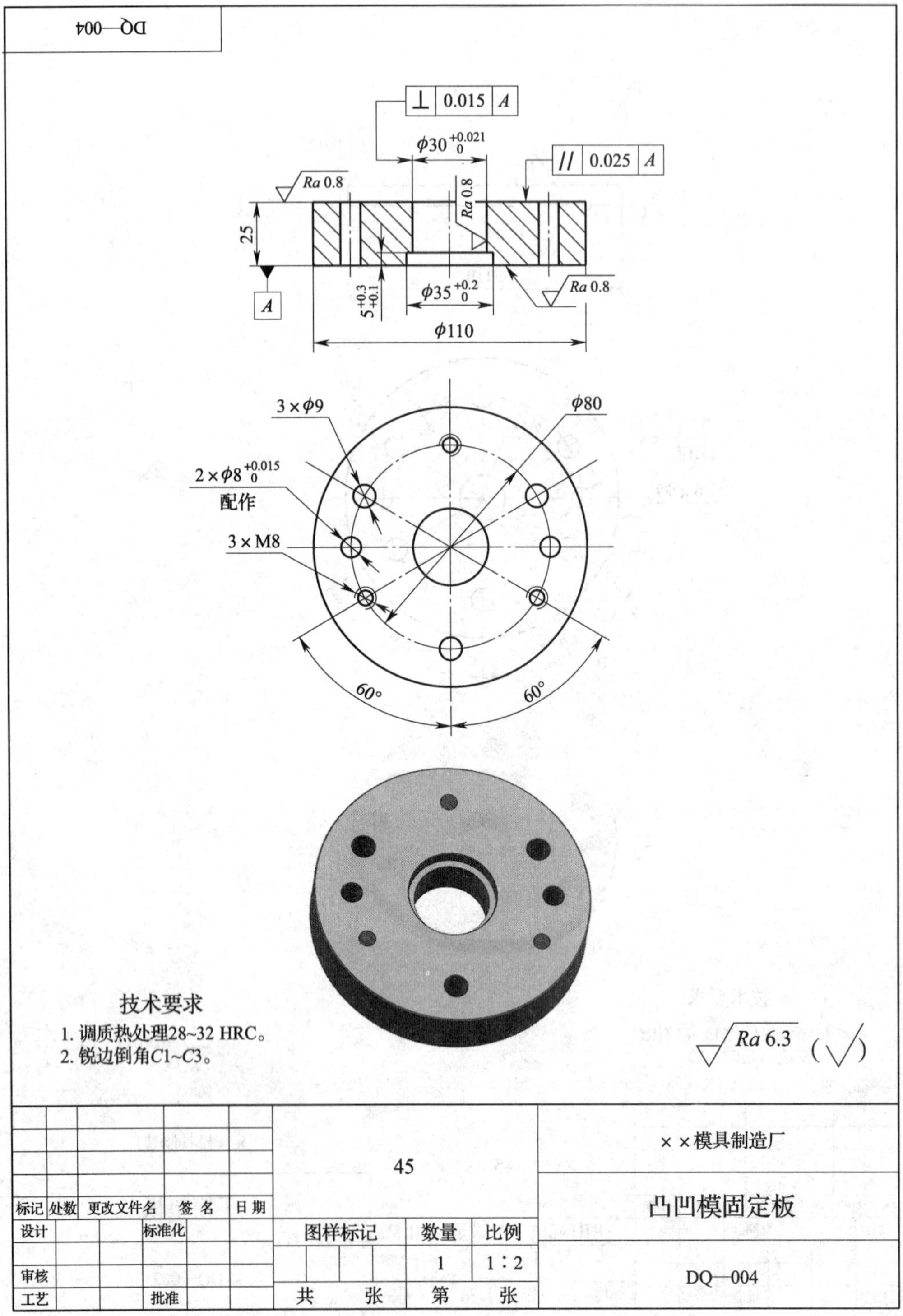
DQ—004
⊥ 0.015 A
φ30 +0.021 0
// 0.025 A
Ra 0.8
Ra 0.8
Ra 0.8
25
A
5 +0.3 +0.1
φ35 +0.2 0
φ110
3×φ9
φ80
2×φ8 +0.015 0
配作
3×M8
60°
60°
技术要求
1. 调质热处理28~32 HRC。
2. 锐边倒角C1~C3。
Ra 6.3 (√)
标记 处数 更改文件名 签 名 日 期
设计 标准化
审核
工艺 批准
45
图样标记 数量 比例
1 1∶2
共 张 第 张
××模具制造厂
凸凹模固定板
DQ—004

图 1—1—14 凸凹模固定板

DQ—005
ϕ30
ϕ10
25
技术要求
1. 弹压橡胶安装时应有30%的预压缩量。
2. 弹压橡胶应等高，保证卸料力均匀。
聚氨酯橡胶
××模具制造厂
弹压橡胶
标记 处数 更改文件名 签 名 日期
设计 标准化
审核
工艺 批准
图样标记 数量 比例
3 1∶1
共 张 第 张
DQ—005

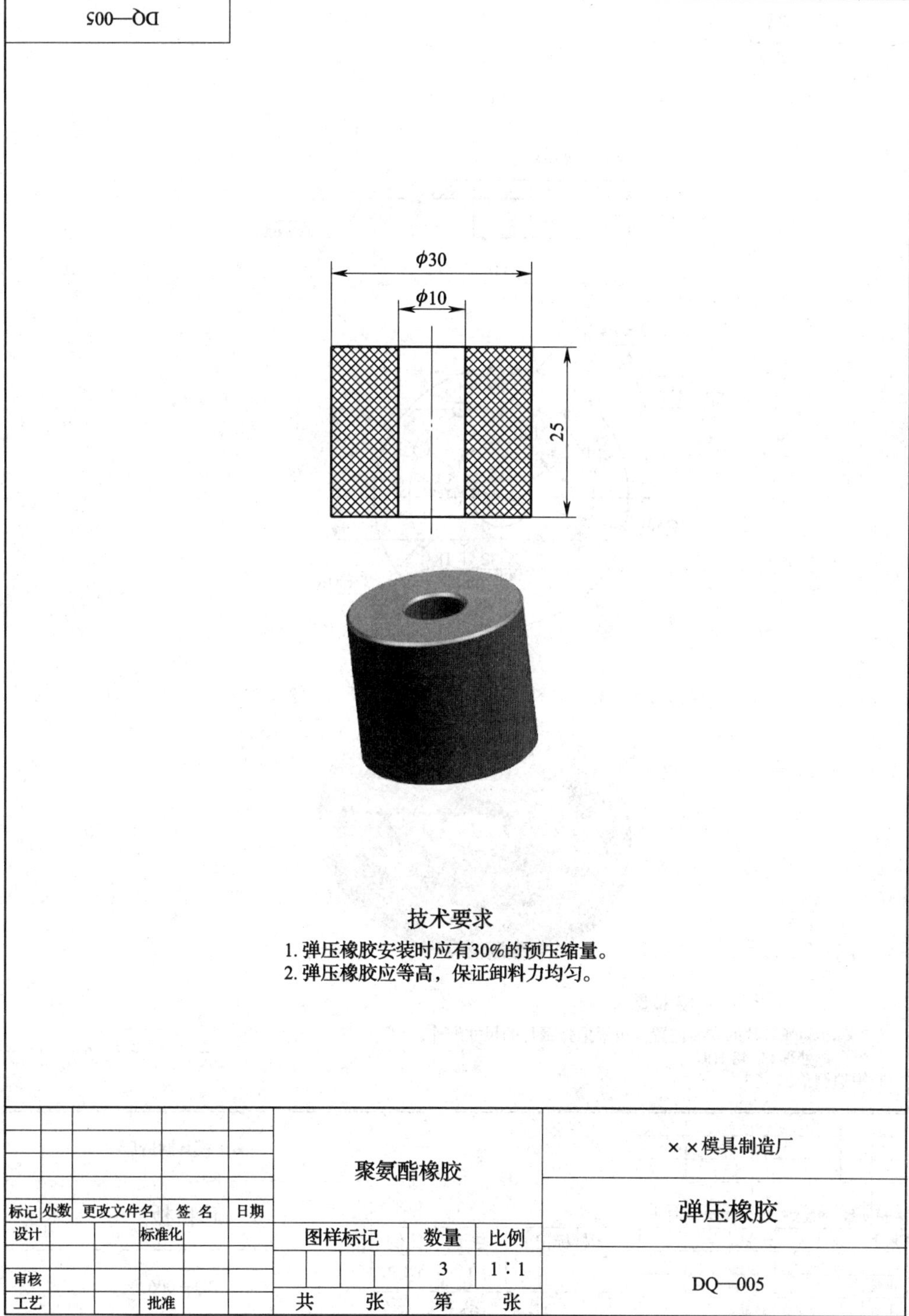

图 1—1—15　弹压橡胶

DQ—006

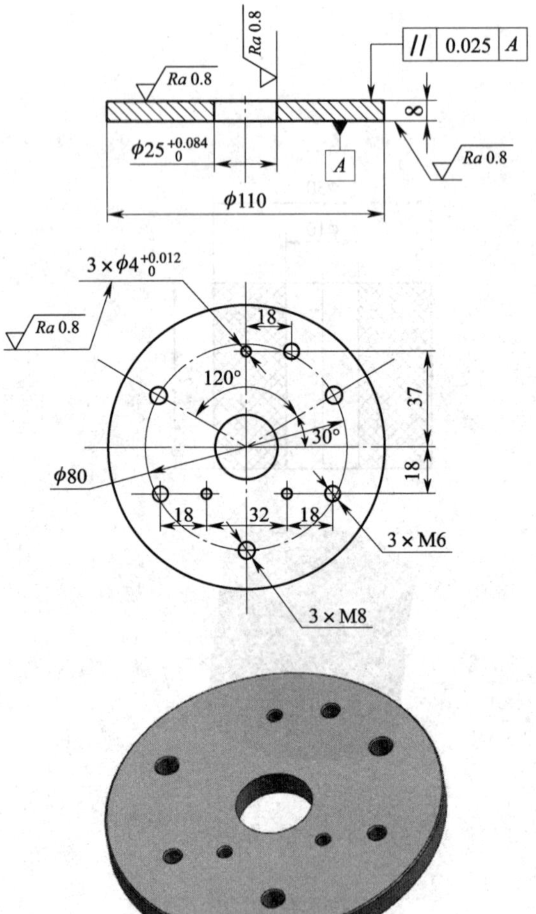

技术要求

1. 3×M6为弹簧片的安装位置，可根据弹簧片的尺寸配作。
2. 淬火热处理43~48 HRC。
3. 锐边倒角*C*1~*C*3。

Ra 6.3 (√)

					45			××模具制造厂
								卸料板
标记	处数	更改文件名	签 名	日 期				
设计		标准化			图样标记	数量	比例	
						1	1∶2	
审核								DQ—006
工艺		批准			共 张	第 张		

图 1—1—16 卸料板

DQ—007
φ0.015 A
0.006
Ra 0.2
Ra 0.4
d
d1
R3
R3
A
10×0.5
45
150
序号 d d1 数量
1 φ25 0 -0.009 φ25 +0.041 +0.028 1
2 φ22 0 -0.009 φ22 +0.041 +0.028 1
技术要求
1. 渗碳淬火热处理60~64 HRC。
2. d尺寸Ⅰ级精度采用h5，Ⅱ级精度采用h6。
3. 参照GB/T 2861.1—2008。
Ra 6.3 (√)
20Cr
××模具制造厂
导柱
DQ—007
标记 处数 更改文件名 签名 日期
设计 标准化
审核
工艺 批准
图样标记 数量 比例
2 1∶1
共 张 第 张

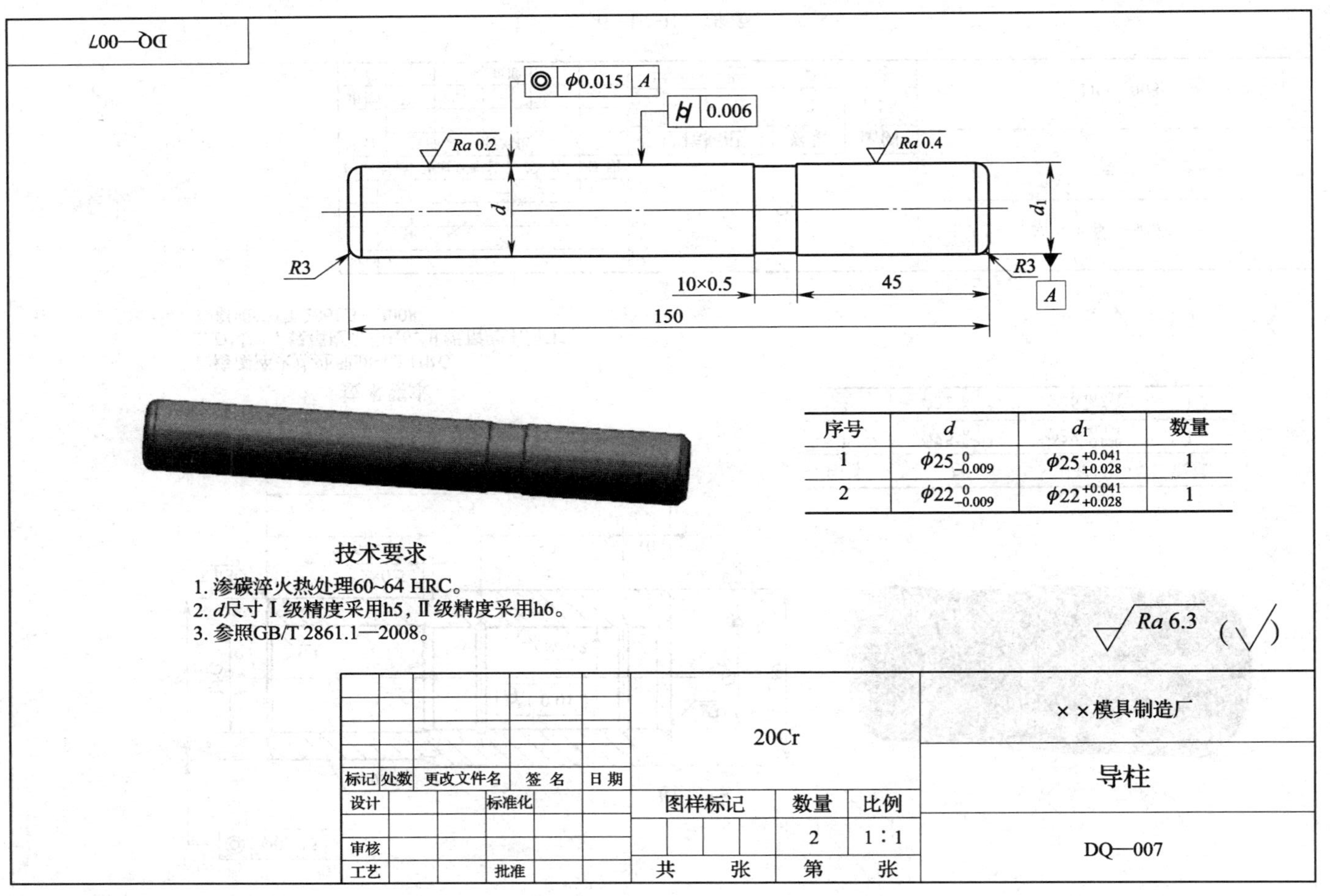

图 1—1—17 导柱

DQ—008

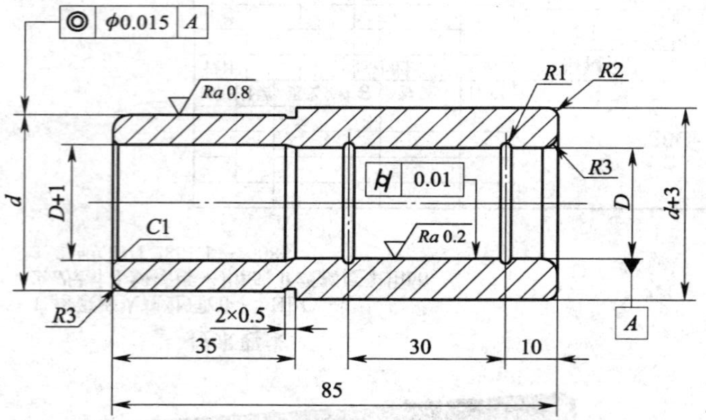

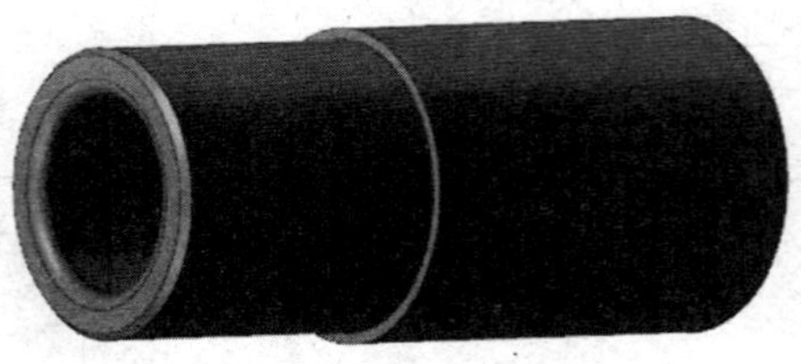

序号	D	d	数量
1	$\phi25^{+0.013}_{0}$	$\phi38^{+0.050}_{+0.034}$	1
2	$\phi22^{+0.013}_{0}$	$\phi35^{+0.050}_{+0.034}$	1

技术要求

1. 渗碳淬火热处理58~62 HRC。
2. D尺寸Ⅰ级精度采用H6，Ⅱ级精度采用H7。
3. 参照GB/T 2861.3—2008。

$\sqrt{Ra\ 6.3}$ ($\sqrt{}$)

标记	处数	更改文件名	签名	日期	20Cr			××模具制造厂
设计		标准化			图样标记	数量	比例	导套
						2	1∶1	DQ—008
审核								
工艺		批准			共　张	第	张	

图 1—1—18　导套

DQ—009
A—A
⊥ 0.015 A
⊥ 0.015 A
φ35 +0.016 0
4×φ14
φ42 +0.025 0
φ38 +0.016 0
Ra 1.6
15
Ra 1.6
Ra 1.6
A
Ra 1.6
6 +0.1 0
35
φ51
Ra 1.6
4×φ9
// 0.015 A
170
φ80
R65
R38
45°
A
2×2
130
A
2×φ8 +0.015 0
配作
技术要求
1. 铸件不允许有疏松、气孔等缺陷，未注圆角为R1~R5。
2. 锐边倒角C1~C3。
3. 参照GB/T 2855.1—2008。
Ra 6.3 (√)
HT200
××模具制造厂
上模座
标记 处数 更改文件名 签 名 日 期
设计 标准化
审核
工艺 批准
图样标记 数量 比例
1 2∶5
共 张 第 张
DQ—009

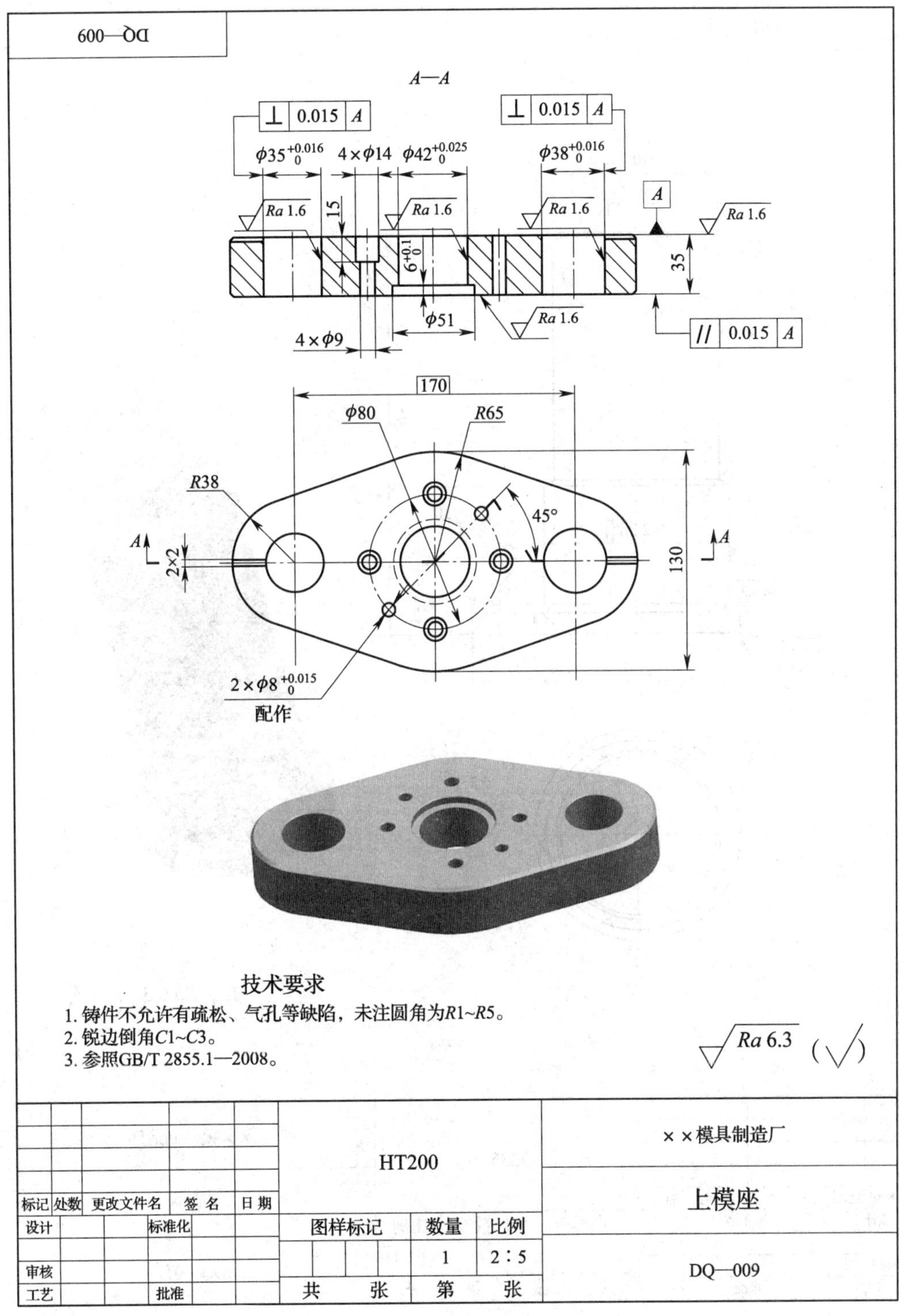

图 1—1—19 上模座

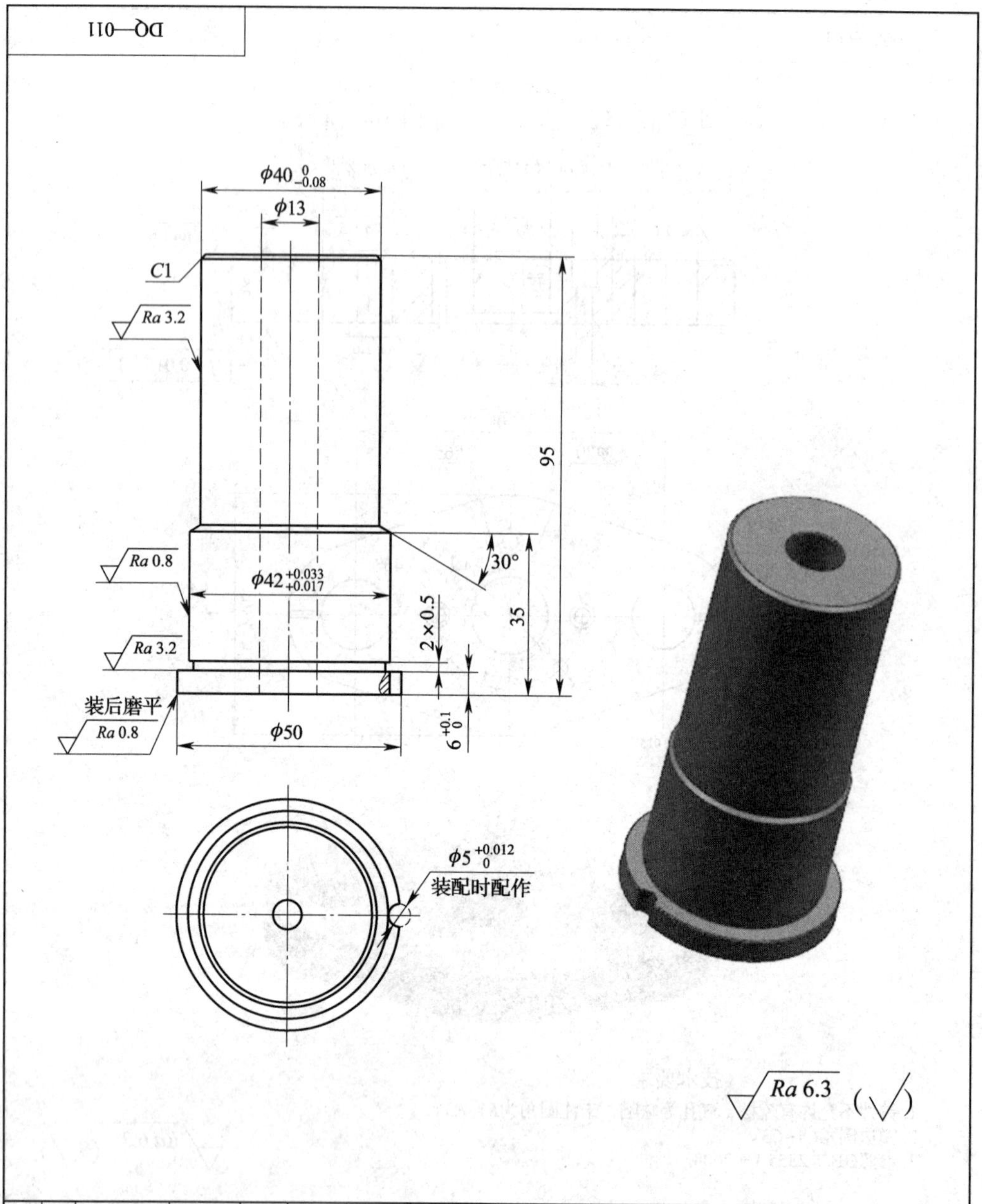

标记	处数	更改文件名	签 名	日 期	Q235			××模具制造厂
设计		标准化			图样标记	数量	比例	模柄
审核						1	1∶1	DQ—011
工艺		批准			共 张	第 张		

图 1—1—20 模柄

DQ—012
Ra 0.8
$\phi150^{-0.043}_{-0.106}$
$\phi12$
技术要求
1. 未注倒角C0.5。
2. 淬火热处理43~56 HRC。
Ra 6.3 (√)
标记 处数 更改文件名 签 名 日 期
设计 标准化
审核
工艺 批准
65Mn
图样标记 数量 比例
1 1∶1
共 张 第 张
× × 模具制造厂
打杆
DQ—012

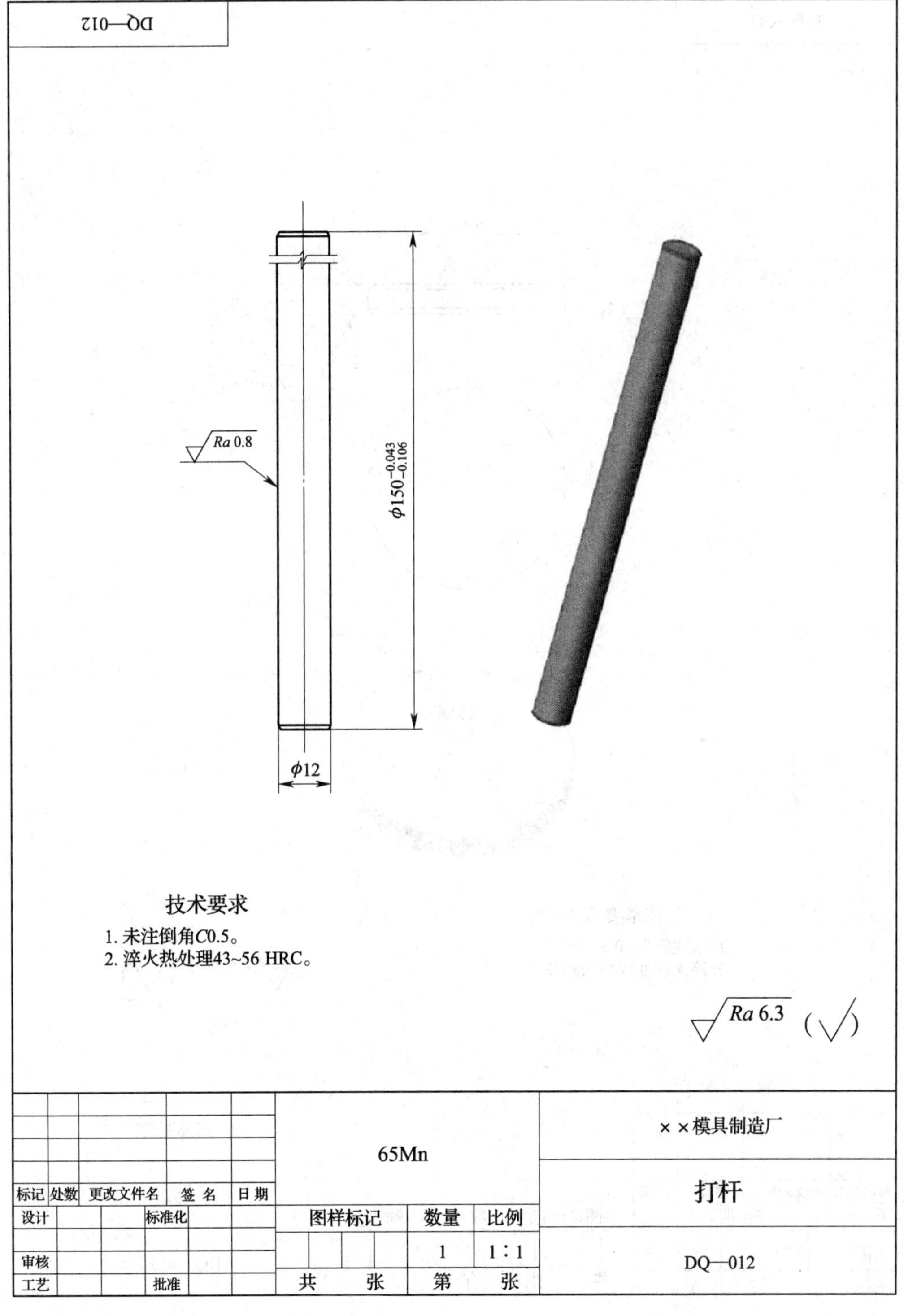

图 1—1—21 打杆

DQ—013

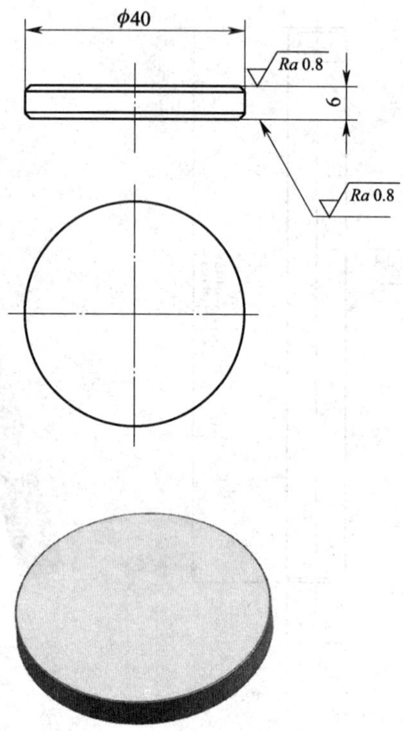

$\phi 40$

Ra 0.8

6

Ra 0.8

技术要求

1. 未注倒角$C0.5$。
2. 淬火热处理43~48 HRC。

$\sqrt{Ra\ 6.3}$ ($\sqrt{}$)

					45			××模具制造厂
标记	处数	更改文件名	签名	日期				打板
设计		标准化			图样标记	数量	比例	
审核						1	1∶1	DQ—013
工艺		批准			共 张	第 张		

图 1—1—22　打板

DQ—015
// 0.015 A
φ110
φ40
Ra 0.8
10
A
Ra 0.8
4×φ9
2×φ8 +0.015 0
配作
Ra 0.8
45°
φ80
技术要求
1. 锐边倒角C1~C3。
2. 淬火热处理43~48 HRC。
Ra 6.3 (√)
标记 处数 更改文件名 签名 日期
设计 标准化
审核
工艺 批准
45
图样标记 数量 比例
1 1∶2
共 张 第 张
××模具制造厂
上模垫板
DQ—015

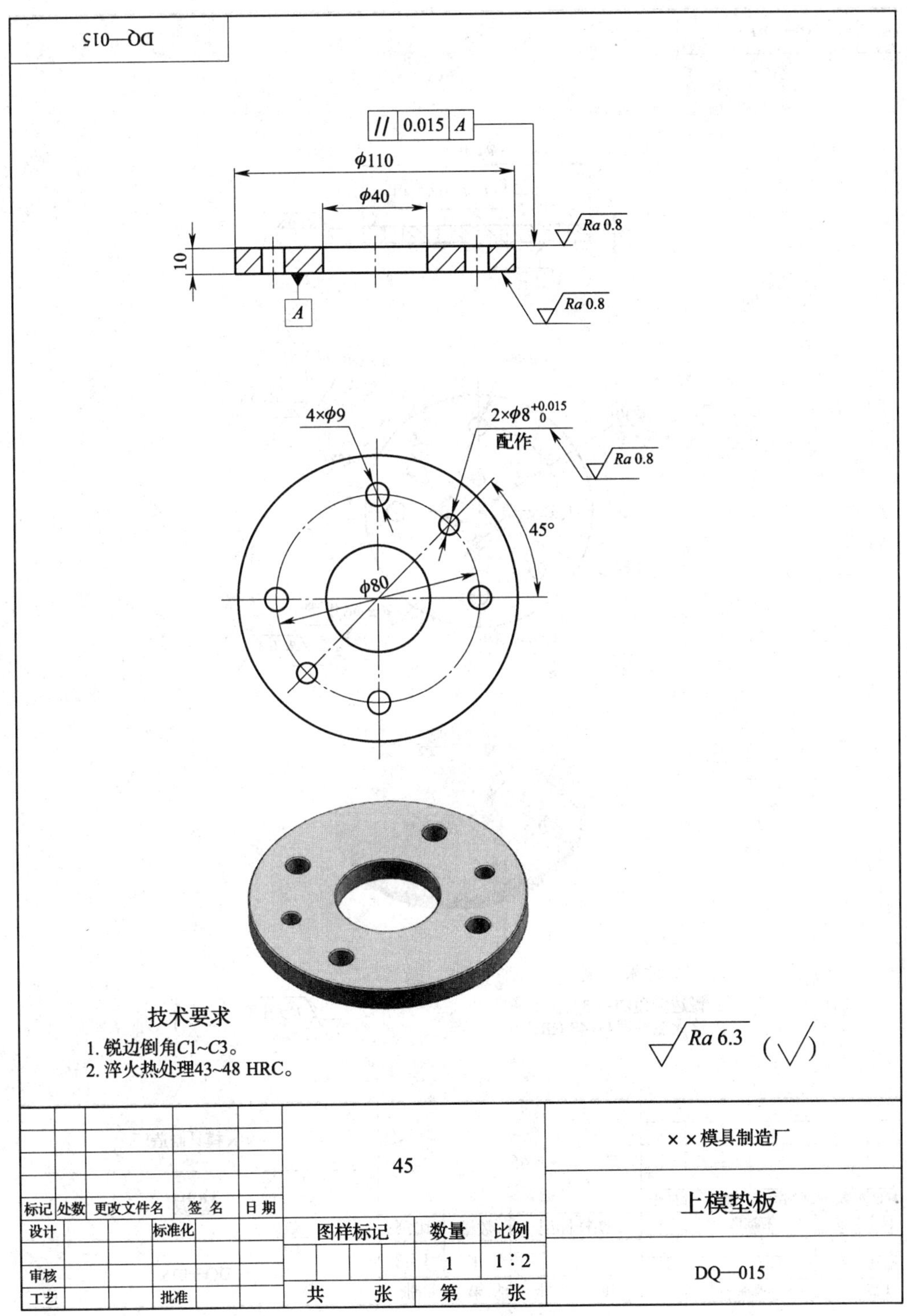

图 1—1—23 上模垫板

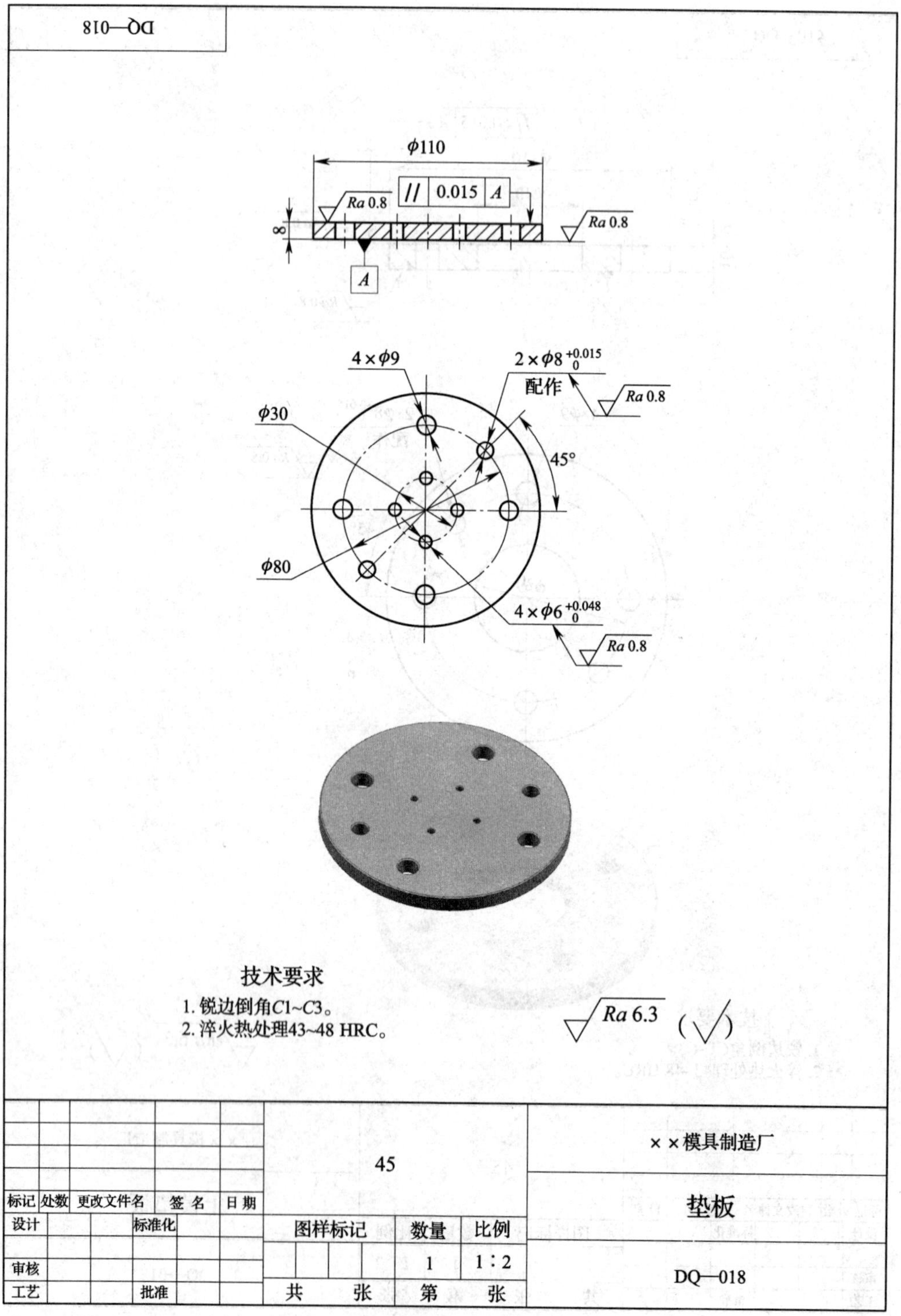

DQ—018

$\phi110$

// 0.015 A

Ra 0.8

Ra 0.8

8

A

4×$\phi9$

2×$\phi8^{+0.015}_{0}$ 配作

Ra 0.8

$\phi30$

45°

$\phi80$

4×$\phi6^{+0.048}_{0}$

Ra 0.8

技术要求

1. 锐边倒角C1~C3。
2. 淬火热处理43~48 HRC。

Ra 6.3 (√)

					45	××模具制造厂
标记	处数	更改文件名	签 名	日 期		垫板
设计		标准化			图样标记 / 数量 / 比例	
审核					/ 1 / 1∶2	DQ—018
工艺		批准			共 张 第 张	

图 1—1—24　垫板

DQ—019
⊥ 0.025 A
◎ φ0.015 A
3 +0.1 0
R0.5
Ra 0.8
Ra 0.4
φ20 +0.1 0
φ17.5 +0.018 +0.007
φ16.5 +0.06 +0.04
A
R0.5
刃口
14
32 +0.5 0
技术要求
1. 淬火热处理58~62 HRC。
2. 刃口不允许倒角；其余锐边倒角C1~C2。
Ra 6.3 (√)
标记 处数 更改文件名 签 名 日 期
设计 标准化
审核
工艺 批准
Cr12
图样标记 数量 比例
1 1∶1
共 张 第 张
××模具制造厂
凸模
DQ—019

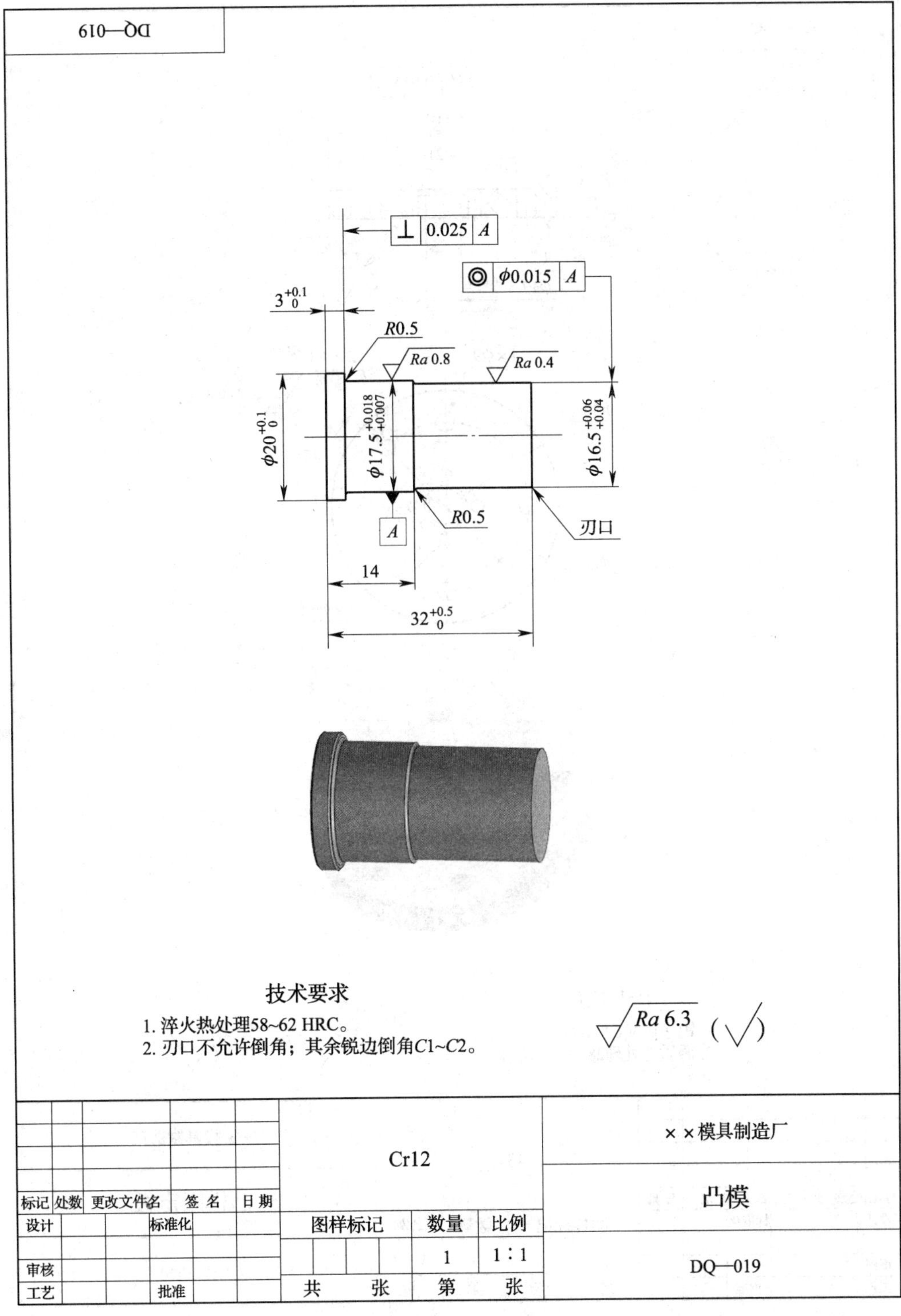

图 1—1—25 凸模

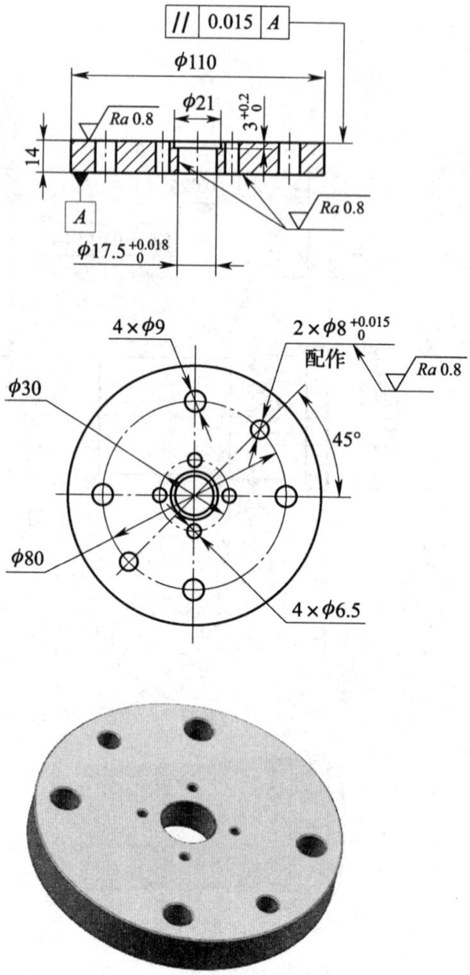

DQ—020

// 0.015 A

$\phi 110$

$\phi 21$

$3^{+0.2}_{0}$

Ra 0.8

14

A

Ra 0.8

$\phi 17.5^{+0.018}_{0}$

$4\times\phi 9$

$2\times\phi 8^{+0.015}_{0}$ 配作

Ra 0.8

$\phi 30$

45°

$\phi 80$

$4\times\phi 6.5$

技术要求

1. 锐边倒角C1~C2。
2. 调质热处理28~32 HRC。

Ra 6.3 (√)

					45			××模具制造厂
标记	处数	更改文件名	签 名	日 期				凸模固定板
设计		标准化			图样标记	数量	比例	
审核						1	1∶2	DQ—020
工艺		批准			共 张	第	张	

图 1—1—26 凸模固定板

DQ—021
⊥ 0.04 A
A
ϕ16.5 +0.12 +0.10
Ra 1.6
4
16
Ra 0.8
Ra 1.6
Ra 0.8
ϕ25 −0.10 −0.16
◎ ϕ0.08 A
ϕ40
技术要求
1. 锐边倒角C1~C2。
2. 淬火热处理43~48 HRC。
Ra 6.3 (√)
标记 处数 更改文件名 签 名 日 期
设计 标准化
审核
工艺 批准
45
图样标记 数量 比例
1 1∶1
共 张 第 张
× × 模具制造厂
推块
DQ—021

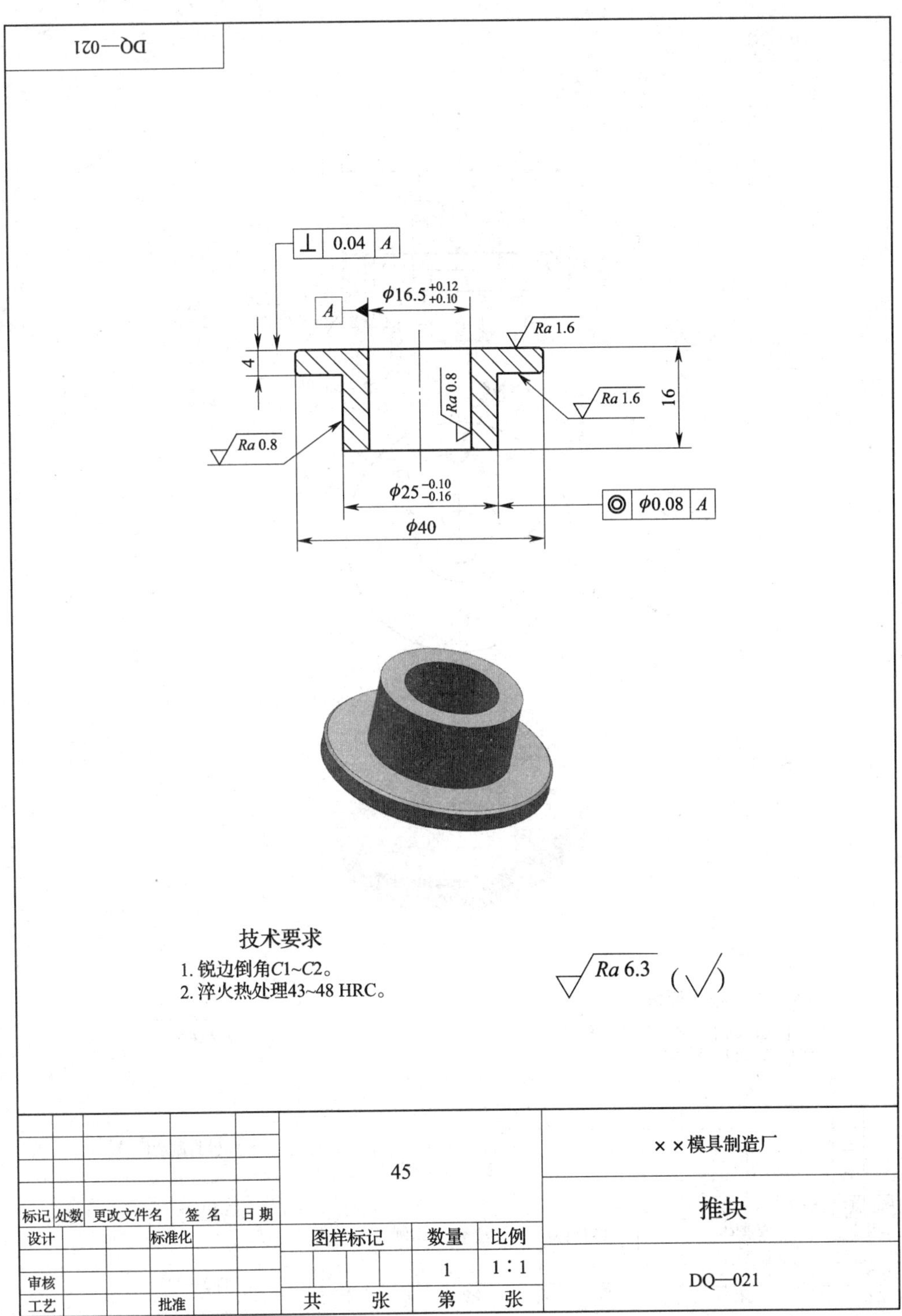

图 1—1—27 推块

DQ—022

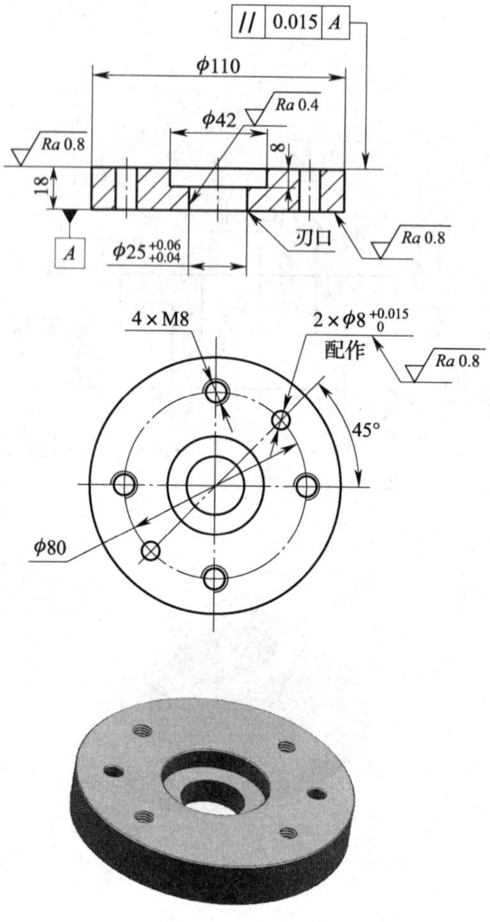

// 0.015 A

$\phi110$

$\phi42$ Ra 0.4

Ra 0.8

8

18

A

$\phi25^{+0.06}_{+0.04}$

刃口

Ra 0.8

4×M8

$2\times\phi8^{+0.015}_{0}$

配作

Ra 0.8

45°

$\phi80$

技术要求

1. 刃口不允许倒角；其余锐边倒角$C1\sim C2$。
2. 淬火热处理60~64 HRC。

Ra 6.3 (√)

					Cr12				××模具制造厂
标记	处数	更改文件名	签名	日期					凹模
设计			标准化		图样标记		数量	比例	
审核							1	1∶2	DQ—022
工艺			批准		共 张		第 张		

图 1—1—28　凹模

三、评价

垫圈复合冲裁模装配图、零件图识读评分标准见表1—1—6。

表1—1—6　　垫圈复合冲裁模装配图、零件图识读评分标准表

考核项目	考核内容及要求	配分	评分标准	检测结果	得分
识读装配图	能说出模具主要零件的配合关系（任意三组零件）	5×3	错一项，扣5分		
	能清晰、正确、完整地说出模具结构特征和工作原理	15	不清晰、不完整或者有错误，酌情扣分		
	能清晰、正确、完整地说出模具装配的技术要求	15	不清晰、不完整或者有错误，酌情扣分		
识读零件图	能说出模具零件名称及作用（任意三个零件）	5×3	错一项，扣5分		
	能说出零件图中标识的设计基准（任意三张零件图）	5×3	错一项，扣5分		
	能说出零件图中尺寸、几何公差、表面粗糙度符号所表示的含义（任意三张零件图）	5×3	错一项，扣5分		
	能说出工作零件的技术要求（任意两个零件）	5×2	错一项，扣5分		
总计		100			

任务二　冷冲压模具零件加工

工作任务

模具制造过程中，模具零件加工的主要工作是按照零件加工工艺卡加工模具零件中的非标准件，达到各个零件图的要求。依据垫圈复合冲裁模的零件图，选用滑动导向中间导柱圆形模架（ϕ125 mm×190 mm—Ⅰ），按照模具装配图的明细表准备模具材料和标准件，并完成主要的非标准件的加工。

相关知识

一、机械加工工艺规程

机械加工工艺规程是规定产品或零部件机械加工工艺过程和操作方法等的工艺文件。一个零件可以采用几种不同的工艺过程来加工，但其中总有一种工艺过程在给定的条件下是最经济、合理的。人们把这个工艺过程的有关内容用文件的形式固定下来，用以指导生产，这个文件称为工艺规程。工艺规程是技术文件的主要组成部分，是工艺装备、材料定额、工时定额设计与计算的主要依据，是直接指导工人操作的生产规范，它与产品成本、劳动生产率、原材料消耗有直接关系。工艺规程的编制质量对保证产品质量起着重要作用。随着新材料、新技术、新工艺、新设备的使用，工艺过程是动态变化的，因此机械加工工艺规程也随之调整、更新。

1. 机械加工工艺过程的组成

机械加工工艺过程是由若干个顺序排列的工序组成的，机械加工中的每一个工序又可依次细分为安装、工位、工步和走刀。

机械加工工艺过程的工序是指一个（或一组）工人在一个工作地点对一个（或同时对若干个）工件连续完成的那一部分工艺过程。只要工人、工作地点、工作对象中的任意一个要素发生变化或不是连续完成，则构成一个新的工序。工序是组成工艺过程的基本单元，也是生产计划和经济核算的基本依据。

(1) 安装

如果在一个工序中需要对工件进行一次或多次装夹，则每次装夹下完成的那部分工序内容，称为一个安装。在一道工序中工件可能只需要安装一次，也可能需要安装几次。例如，表1—2—1所列工序1（在车床上车削工件）中，在第一次装夹并加工后还需要经过两次掉头装夹及加工才能完成全部工序内容，因此该工序有三次安装；工序2则只需要在一次装夹下就可以完成全部工序内容，该工序只有一次安装。

表1—2—1　　某台阶轴加工工序和安装的划分

工序号	安装号	安装内容	设备
1	1	车削小端面，钻小端中心孔。粗车小端外圆，倒角	车床
	2	掉头，车削大端面，钻大端中心孔。粗车大端外圆，倒角	
	3	精车大端外圆	
	4	掉头，精车小端外圆	
2	1	铣键槽，去毛刺	铣床

（2）工位

采用转位（或移位）夹具、回转工作台或在多轴机床上加工时，工件在机床上一次装夹中，要经过若干个位置依次进行加工，工件在机床上所占据的每一个位置上所完成的那一部分工序就称为工位。简单来说，工件相对于机床或刀具每占据一个加工位置所完成的那部分工序内容，称为工位。如图 1—2—1 所示为多工位加工，即：工位 1，装卸工件；工位 2，钻孔；工位 3，扩孔；工位 4，铰孔。在一个安装中，可能只有一个工位，也可能需要有几个工位。

（3）工步

在加工表面、切削刀具和切削用量（不包括切削深度）不变的情况下，所连续完成的那一部分工序称为工步。一道工序可能包括几个工步，也可能只有一个工步。在带回转刀架的机床（转塔车床、加工中心）上，其回转刀架的一次转位所完成的工位内容应属于一个工步。此时，如果有几把刀具同时参与切削，该工步称为复合工步，如图 1—2—2 所示。

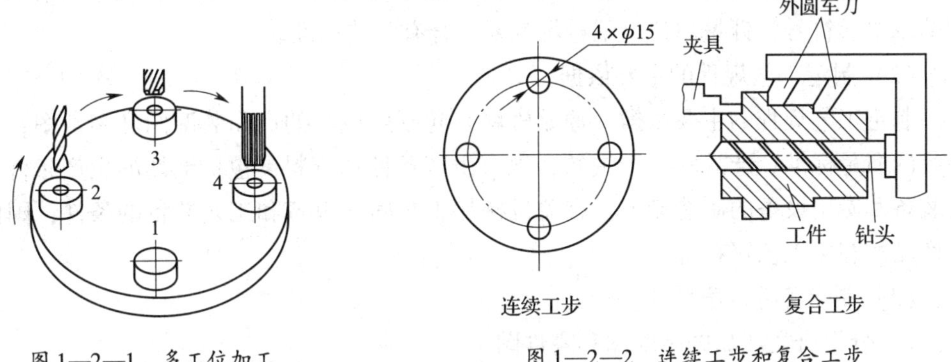

图 1—2—1 多工位加工

图 1—2—2 连续工步和复合工步

（4）走刀

走刀是切削工具在加工表面上切削一次所完成的那部分工步。在一个工步中，当加工表面上需要切除的材料较厚，无法一次全部切除掉，需分几次切除，则每切去一层材料称为一次走刀。一个工步可以包括一次或几次走刀。工步与走刀的关系如图 1—2—3 所示。

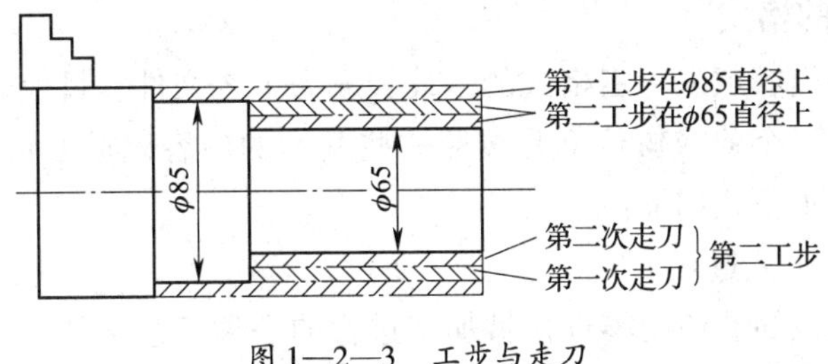

图 1—2—3 工步与走刀

2. 机械加工工艺规程的作用

（1）机械加工工艺规程是机械加工工艺过程的主要技术文件，是计划、调度、加工操作、质量检验等的依据。生产单位有关人员必须遵守，才能保证零件的加工要求，获得较高的生产率和良好的经济效益。

（2）机械加工工艺规程是新产品投产前生产准备和技术准备的依据。例如，刀具、夹具、量具的设计，原材料、半成品外购件的供应，确定零件投料的时间和批量，调整设备负荷等都必须以工艺规程为依据。

（3）机械加工工艺规程是大批量生产中新建、扩建厂房的依据，用来确定生产所需设备种类数量、厂房面积、操作者工种及数量等。

3. 制定工艺规程的原则、主要依据和步骤

（1）制定工艺规程的原则

制定工艺规程的原则是：所制定的工艺规程应保证在一定生产条件下，以最高的生产率、最低的成本可靠地生产出符合要求的产品。为此，应尽量做到技术上先进，经济上合理，并且有良好的劳动条件。另外还应该做到正确、统一、完整和清晰；所用的术语、符号、计量单位、编号等都要符合有关的标准。

（2）制定工艺规程的主要依据

制定工艺规程的主要依据（原始资料）包括：成套的产品装配图和零件图；产品验收的质量标准；产品的生产纲领；现有生产条件和资料，包括毛坯的生产条件、工艺装备及专用设备的制造能力，有关机械加工车间的设备和工艺装备的条件；国内同类产品的有关工艺资料等。

（3）制定工艺规程的步骤

1）分析研究产品的装配图和零件图。

2）确定生产类型。

3）确定毛坯的种类和尺寸。

4）选择定位基准和主要表面加工方法，拟定零件加工工艺路线。

5）确定工序尺寸及公差。

6）选择机床、工艺装备及确定时间定额。

7）填写工艺文件。

4. 工艺规程的格式

将工艺规程的内容填入一定格式的卡片，成为工艺文件。目前，工艺文件没有统一的格式。各个加工企业或单位都是按照一些基本的内容，根据具体情况自行确定。常用工艺文件的基本格式如下：

（1）机械加工工艺过程卡

它是以工序单位简要说明零件机械加工过程的一种工艺文件，主要用于单件、小批量生产和中批量生产，大批量生产可酌情自定。该卡片是生产管理方面的工艺文件。机械加工工艺过程卡实例见表1—2—2。

表 1—2—2　　　　机械加工工艺过程卡实例

××模具零件加工工艺过程卡		材料	HT200		图号			
		产品数量	1		零件名称	×××	共　页	第　页
工序号	工序名称	工序内容	车间	工段	设备	工艺装备	工时	
							准终	单件
10	钳加工	划线						
20	钻削	装夹，校正，钻中心孔			X6325 型万能摇臂铣床	$\phi3$ mm 中心钻		
		钻 $3\times\phi9$ mm 孔				$\phi9$ mm 钻头		
		锪 $3\times\phi14$ mm 孔，深度为 10 mm				$\phi14$ mm 铣刀		
		钻 $3\times\phi14$ mm 孔				$\phi14$ mm 钻头		
		钻 $\phi20$ mm 孔				$\phi5$、$\phi20$ mm 钻头		
		在 $2\times\phi8^{+0.015}_{0}$ mm 的位置加工 $\phi5$ mm 工艺孔				$\phi5$ mm 钻头		
		孔口倒角 $C2$ mm						
30	检验							
40	电火花线切割加工	配作：下模装配后，线切割配作 $2\times\phi8^{+0.015}_{0}$ mm			DK7740 型电火花线切割机床			

										设计（日期）	审核（日期）	标准化（日期）	会签（日期）
标记	处数	更改文件号	签字	日期	标记	处数	更改文件号	签字	日期				

（2）机械加工工序卡

机械加工工序卡是在机械加工工艺过程卡的基础上，按每道工序所编制的一种工艺文件。其主要内容包括工序简图，该工序中每个工步的加工内容、工艺参数、操作要求以及所用的设备和工艺装备等。工序卡主要用于大批量生产的零件，中批量生产的复杂产品的关键零件以及小批量生产的零件的关键工序。机械加工工序卡实例见表 1—2—3。

表 1—2—3　　　　　　　　　　　　　　　　机械加工工序卡

	××零件加工工序卡	产品型号		零件图号	1		
		产品名称		零件名称	球头锁	1	1

20 M36×1.5 φ32×6	车间	工序号	工序名称	材料牌号
	机加	4	切槽车螺纹	45
	毛坯种类	毛坯外形尺寸	每毛坯可制作件数	每台件数
	45 钢	φ50 mm × 95 mm	1	1
	设备名称	设备型号	设备编号	同时加工件数
	数控车床	CJK6140		

夹具编号	夹具名称	切削量	
	三爪自定心卡盘	1mm	
工位器具编号	工位器具名称	工序时间	
		准终	单件

	工步号	工步名称	工艺装备	主轴转速 (r/min)	切削速度 (m/min)	进给量 (mm)	背吃刀量 (mm)	进给次数	工时 (min) 机动	工时 (min) 单件
	1	切槽 φ32×6mm	切槽刀	240	14.4	手动				2
	2	车 M36×1.5mm 螺纹	60°尖刀	450	45	0.3	3	2		1.5
描图	3									
	4									
描校	5									
	6									
底图号	7									

									设计（日期）	审核（日期）	标准化（日期）	会签（日期）
装订号												
	标记	处数	签字	日期	标记	处数	更改文件号	签字	日期			

二、冷冲压模具零件加工工序安排要点

制定加工工艺路线时，应该做到技术上先进，经济上合理，并有良好、安全的劳动条件。安排加工顺序时遵循的一般原则如下：

1. 先基面后其他

应首先安排被选为精基准的表面的加工，再以加工出的精基准为定位基准，安排其他表面的加工。该原则还有另外一层含义，即在精加工前应先修一下精基准。例如，安排精度要求高的轴类零件的加工顺序时，第一道工序是以外圆面为粗基准加工两端面及顶尖孔，再以顶尖孔定位，完成各表面的粗加工；精加工开始前，首先要修整顶尖孔，以提高轴在精加工时的定位精度，然后再安排各外圆面的精加工。

2. 先粗后精

为了提高生产效率并保证零件的精加工质量，在切削加工时应先安排粗加工工序。在较短的时间内，将大量的加工余量去掉，同时尽量满足精加工的加工余量均匀性要求。

粗加工工序之后，应接着安排半精加工、精加工工序。其中，安排半精加工的目的是：如果粗加工后所留余量的均匀性满足不了精加工要求，则可安排半精加工作为过渡性工序，以便使精加工余量小而均匀。

在安排可以一刀或多刀进行的精加工工序时，零件的最终轮廓应由最后一刀连续加工而成。这时，加工刀具的进、退刀位置要妥善安排，尽量不在连续的轮廓中安排切入、切出或换刀及停顿，以免因切削力突然变化而造成工件发生弹性变形，使光滑连接轮廓上产生表面划伤、形状突变或滞留刀痕等缺陷。

3. 先主后次

主要表面一般指零件上的设计基准面和重要工作面。这些表面是决定零件质量的主要因素，对其进行加工是工艺过程的主要内容。因而在确定加工顺序时，要首先考虑主要表面加工工序的安排，以保证主要表面的加工精度。在安排好主要表面加工顺序后，一般要从加工的方便与经济角度出发，安排次要表面的加工。此外，次要表面和主要表面之间往往有相互位置要求，常要求在主要表面加工后，以主要表面定位并加工次要表面。

4. 先面后孔

这个原则主要针对箱体、模板和支架类零件的加工。一般这类零件上既有平面，又有孔或孔系。这时，应先加工平面（通常是装配基准），再以平面为基准加工孔或孔系。此外，如果在毛坯面上钻孔或镗孔，容易使钻头引偏或打刀。此时，也应先加工面，再加工孔，以避免上述情况的发生。

三、典型模具零件的加工工艺

1. 成型零件的加工工艺

冷冲压模具的凸、凹模或凸凹模是完成冲压成型的主要工作零件。

（1）成型零件的加工技术要求及结构特点

1）成型零件（凸、凹模及凸凹模）的加工技术要求。具体见表1—2—4。

表 1—2—4　　　　成型零件的加工技术要求

项目	加工要求
尺寸精度	达到图样要求，凸、凹模间隙合理、均匀
表面形状	凸、凹模侧壁要求平行或稍有斜度，不允许有反向斜度
位置精度	圆形凸模工作部分对固定部分的同轴度误差小于工作部分尺寸公差的一半，凸模端面应与中心线垂直；复合冲裁模的凸凹模外轮廓与其内孔的相互位置应符合零件图中所规定的要求
表面粗糙度	刃口部分的表面粗糙度值最小，刃口要求锋利；固定部分的表面粗糙度值可略高于刃口部分；其余部分保持一般的表面粗糙度值
硬度	凹模工作部分硬度为 60 ~ 64 HRC，凸模工作部分硬度为 58 ~ 62 HRC。铆接的凸模的硬度从工作部分向固定部分逐渐降低，但最低不小于 38 HRC 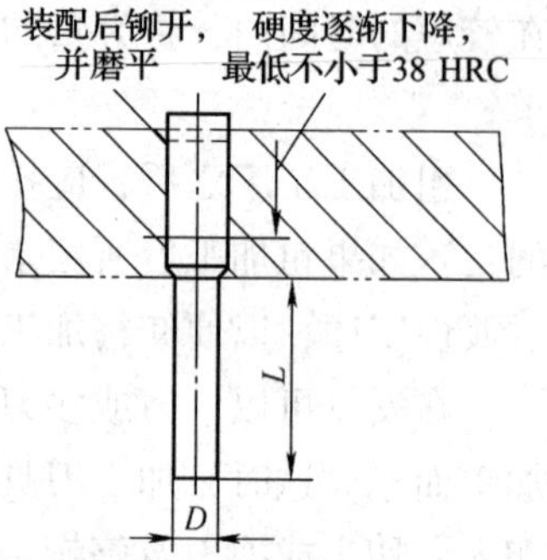 装配后铆开，并磨平 硬度逐渐下降，最低不小于38 HRC L D

2）凸、凹模的结构特点。凸、凹模是冷冲模的主要工作零件。凸模和凹模都有与制件轮廓一样形状的刃口，两者之间在一周上有很小的间隙。冲压时，坯料对凸模和凹模刃口产生很大的侧压力，导致凸模和凹模都与制件或废料发生摩擦，产生磨损。合理的凸、凹模刃口间隙能保证制件有较好的断面质量和较高的尺寸精度，并且还能降低冲压力，延长模具使用寿命。

凸模属于轴类零件，从长度上可分为两部分：固定部分和工作部分。固定部分的形状简单，尺寸精度要求不高；工作部分的尺寸精度和表面质量要求都较高。凹模属于板类零件，凹模型孔的尺寸、形状精度和表面质量要求较高。凹模外形较简单，一般是圆形或矩形，其尺寸精度要求不高。

（2）成型零件的加工要点

1）冲裁模成型零件的加工要点。

①冲裁模成型零件要求表面光洁、刃口锋利。刃口表面粗糙度值为 $Ra0.4$ μm，非工作部分的表面粗糙度要求允许适当放宽。

②凸、凹模的工作部分应具有高硬度、高耐磨性及良好的韧性。一般凸模制造容易，易修磨刃口。一旦出现刃口相撞，应优先保护凹模。因此，凸模的硬度要比凹模的硬度略低。

③成型零件的表面形状要求：工作刃口应尖锐、锋利，无倒角、裂纹、黑斑及缺口等缺陷；侧壁应平行，或稍有斜度，但要注意斜度的方向。正确的斜度方向如图

1—2—4a、b 所示，不允许出现反向斜度（图 1—2—4c、d），否则会降低制件的质量和使用寿命，甚至损坏模具。

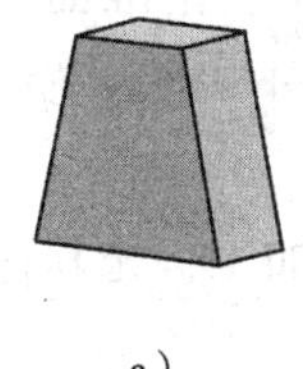
a）
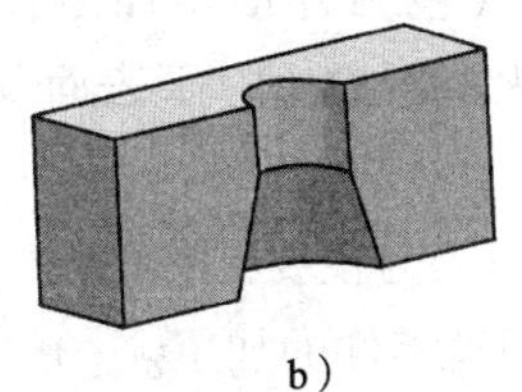
b）
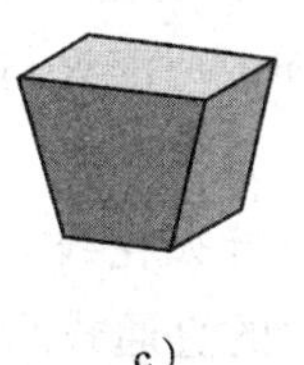
c）
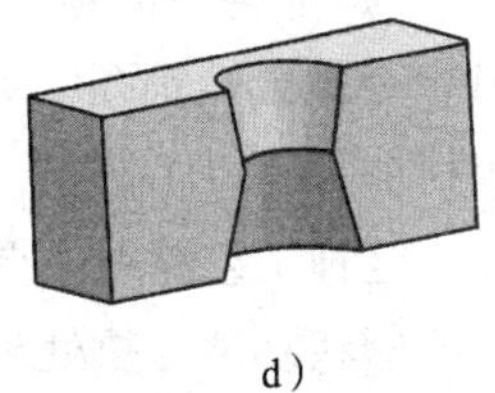
d）

图 1—2—4 凸模和凹模的表面形状
a)、b) 正确斜度 c)、d) 反向斜度

④冲裁模工作磨损后，间隙会增大。因此，制造和初配时应采用最小的合理间隙，而且同一副冲裁模的间隙应在各方向上力求均匀一致。

⑤凸、凹模刃口的位置精度较高。加工时，要尽量在一次装夹中完成内、外刃口的加工。

2）弯曲模、拉深模成型零件的加工要点。

①弯曲模、拉深模的凸、凹模圆角半径及间隙应制造均匀，淬火后进行精修和抛光，以保证制件表面质量。

②由于较复杂的弯曲模、拉深模成型零件受到回弹等不确定因素的影响，它们一般在装配、调试、修整出合格制件后才进行淬火。

③拉深模凸、凹模的工作表面要求表面粗糙度值较小，一般要求在淬火后抛光、研磨或镀铬。

④弯曲模、拉深模的成型零件不允许有刃口，应有圆角过渡，以防止制件被冲裂或产生表面缺陷。

（3）冷冲压模具凸、凹模的加工工艺路线

凸模的加工重点是外形加工；凹模的加工重点是孔或孔系的加工，其外形加工比较简单。

因为凸模和凹模的加工多属于单件生产，所以一般都制定以工序为单位的工艺规程，这样简单明了。凸、凹模加工的典型工艺路线主要有以下几种：

1）下料→锻造→退火→毛坯外形加工（包括外形粗加工、精加工、基准面磨削）→划线→刃口轮廓粗加工→刃口轮廓精加工→螺孔、销孔加工→淬火与回火→研磨或抛光。

这种工艺路线钳加工工作量大，技术要求高，适用于形状简单、热处理变形小的零件。

2）下料→锻造→退火→毛坯外形加工（包括外形粗加工、精加工、基准面磨削）→划线→刃口轮廓粗加工→螺孔、销孔加工→淬火与回火→采用成型磨削进行刃口轮廓精加工→研磨或抛光。

这种工艺路线能消除热处理变形对零件精度的影响，使凸、凹模的加工精度得到保证，可用于热处理变形大的零件。

3）下料→锻造→退火→毛坯外形加工（包括外形粗加工、精加工、基准面磨削）→螺孔、销孔、穿丝孔加工→淬火与回火→磨削上、下表面及基准面→电火花线切割加工→钳工修整。

这种工艺路线主要用于以电火花线切割加工为主要工艺的凸、凹模加工，尤其适用于形状复杂、热处理变形大的直通式凸、凹模零件的加工。

2. 模架典型零件的加工工艺

模架的主要作用是安装模具的工作零件和其他结构零件，并保证模具的工作部分在工作过程中保持正确的相对位置。模架一般由上模座、下模座、导柱、导套等零件组成。

目前，冷冲压模具模架大多数为标准件。按照导向装置的不同，标准模架可以分为滑动导向模架和滚动导向模架。滑动导向模架按照导柱在模座上的固定位置不同，又可分为对角导柱模架、中间导柱模架、后侧导柱模架、四角导柱模架。

（1）上、下模座的加工

1）上、下模座的技术要求

①上、下模座的铸件毛坯上的气孔、砂眼、缩孔、裂纹等缺陷必须去除，并进行时效处理，消除内应力。

②模座上、下表面的平行度公差必须符合表1—2—5的规定。

表1—2—5　　上模座上表面对下模座下表面的平行度

被测尺寸（mm）	模架精度等级	
	0Ⅰ级、Ⅰ级	0Ⅱ级、Ⅱ级
	公差等级	
≤400	5	6
>400	6	7

注：公差等级按GB/T 1184。

③上、下模座的导柱、导套安装孔的孔距应一致，导柱、导套安装孔的轴线与模座上、下表面的垂直度公差不超过0.01 mm∶100 mm。

④模座上、下平面及导柱、导套安装孔的表面粗糙度值为Ra1.60～0.40 μm，其余表面的表面粗糙度值为Ra6.3～3.2 μm。

2）上、下模座的加工工艺路线。在上、下模座的加工工艺路线中，模座毛坯经过铣削（或刨削）加工后，为了保证模座上、下表面的平面度和表面粗糙度，必须在平面磨床上磨削模座上、下表面。以磨好的表面为基准，进行导柱、导套安装孔的加工，才能保证孔与模座上、下表面的垂直度。镗孔工序可以在专用镗床、坐标镗床、双轴镗床上进行。为了保证上、下模座的导柱、导套孔距一致，在镗孔时可以将上、下模座重叠在一起，一次装夹，同时镗出导柱、导套的安装孔。

(2) 导柱、导套的加工

1) 导柱、导套的技术要求

①为了保证良好的导向作用，导柱和导套的配合间隙应小于凸、凹模之间的间隙。导柱和导套的配合间隙一般采用 H7/h6，精度要求很高时为 H6/h5。导柱与下模座孔、导套与上模座孔采用 H7/r6 的过盈配合。

②导柱和导套的工作部分的圆度公差应满足：当直径 $d \leqslant 30$ mm 时，圆度公差不大于 0.003 mm；当直径 d 为 30 ~ 60 mm 时，圆度公差不大于 0.005 mm；当直径 $d \geqslant$ 60 mm 时，圆度公差不大于 0.008 mm。

2) 导柱的加工工艺路线

①无配合要求外圆的加工。车削→磨削→研磨。

②与导套有配合要求的外圆的加工。单件、小批量生产：粗车→半精车→淬火→修研中心孔→粗磨→精磨；批量生产：粗车→半精车→淬火→修研中心孔→粗磨→精磨→研磨。

在导柱加工过程中，外圆面的车削和磨削应以两端的中心孔定位，使设计基准与工艺基准重合。

3) 导套的加工工艺路线

①无配合要求内孔的加工。不需淬火材料：钻→扩→铰（小批量生产小孔）；钻→拉→推（大批量生产小孔）；镗孔（大批量生产大孔）。需要淬火材料：钻→镗→淬火→磨削→研磨（大批量生产）；钻→镗→淬火→粗磨→精磨（单件、小批量生产）。

②与导柱有配合要求内孔的加工。单件、小批量生产：钻→镗→淬火→磨削→精磨。批量生产：钻→镗→淬火→磨→研磨。

四、安全文明生产及安全操作规程

1. 树立安全意识

在模具制造过程中，首先要树立“安全第一，预防为主”的意识，并贯彻到实际生产中去。

“安全第一”体现了以人为本的重要思想，把人身安全放在第一位。当生产等与安全问题发生矛盾时，必须首先满足安全的要求，采取必要和有效的防范措施，防止发生工伤事故。“预防为主”就是要在事前做好安全工作，做到“防患于未然”。依靠科技进步，加强安全科学管理，搞好科学预测与分析工作，把工伤事故和职业危害消灭在萌芽状态中。“安全第一”与“预防为主”相辅相成、相互促进。“预防为主”是实现“安全第一”的基础，要做到“安全第一”，首先要预防措施要做到位。预防工作做好了，就可以保证安全生产，实现“安全第一”。

2. 金属切削机床安全操作规程

(1) 参加生产的人员必须严格执行安全操作规程和各项安全生产制度。未经安全

教育，不允许参加生产或操作设备、工具等。

（2）工作前，必须按规定穿戴好防护用品，扎好袖口；女生应将发辫盘在工作帽内；严禁戴手套进行机床操作。

（3）工作现场应整洁，要及时清除切屑、油、水。工件和材料不能乱放，以免妨碍操作和堵塞通道。

（4）工具、量具和夹具必须完好和适用，并放在规定的地方。机床导轨、工作台和刀架上严禁放置工具、工件和其他物品。

（5）工作时应集中精力，坚守岗位，不准擅自离岗；不准做与本职工作无关的事。

（6）开动机床前应详细检查：各固定、限位装置是否紧固；润滑情况是否良好；切削液是否充足；电气开关是否灵活、正常，保护接“零”是否良好；各种安全防护装置、保险装置、信号装置是否良好；机械传动是否完好；各种操纵手柄的位置是否正确。

（7）机床启动时，应先低速空载运转 2 ~ 3 min，等运转稳定后再正式操作。

（8）刀具和工件必须装夹正确和牢固。装卸表面有油的工件或较大工件时，机床床身上要垫好木板，以防工件下落而撞伤导轨面。严禁用手去垫托工件，以免其坠落伤人。

（9）在切削过程中，人要站在安全位置，避开机床运转部位和飞溅的切屑。不准在刀具的行程范围内检查切削情况。

（10）机床在运转中，不准调节变速机构或行程；严禁用手摸刀具、工件或转动部位；不允许擦拭机床的运转部位；不允许测量和调整工件；不允许换装工具、装卸刀具；不允许隔着机床的转动部位（工件、刀具、传动机构）传递物品或工件；不允许用人力或工具强迫机床停止转动。

（11）严禁用嘴吹或用手直接清除铁屑，应使用专门工具（如铁钩）进行清除。

（12）两人及两人以上在同一机床上工作时，必须由一人负责统一指挥，防止发生事故。

（13）在机床运转时，操作人员不准离开工作岗位。操作人员因故离开时，必须停止机床运转，关闭电源。

（14）中途停电时，操作人员应立即关闭机床电源，退出刀具。

（15）工作中发现异常情况时，应立即停止机床运行，由维修人员进行检修。发生重大事故时，要及时抢救受伤人员，保护现场，并立即报告主管领导。

（16）禁止在扳手开口处加衬垫物或手柄上加套管，以防其滑脱而撞击伤人。

（17）工作完毕，要退出刀架，卸下工具。各种操纵手柄要放到空挡位置，并将机床擦净，加注润滑油。

（18）严格执行交接班制度，下班前必须切断电源，清理好现场。

3. 安全用电操作规程

（1）禁止乱动车间内的电气设备。如果设备、工具的电气部分出现故障，应立即停止使用，由电工检修，不得私自修理，也不能带故障运行。

（2）经常使用的配电箱、配电板、刀开关、按钮、插座、插销以及导线等必须保持完好、安全，不得有破损或裸露带电部分。

（3）在操作刀开关、磁力开关时，必须将开关盖子盖好，以防在短路时产生电弧伤人。

（4）电气设备的接零和接地设施要保证连接牢固，否则接零或接地就不起保护作用。

（5）某些非固定安装的电气设备（如电风扇、照明灯、电焊机等）必须先切断电源才能移动，其导线不允许在地上拖拉，以免磨损。如果导线被其他物体压住，不可以硬拽，以免导线被拉断。

（6）使用电动工具时，必须注意：设置并安装漏电断路器；工具的金属外壳应防护性接地或接零；使用的导线、插销、插座必须符合国标要求，有防护性接零；严禁将导线直接插入插座内；不得将工件或其他物品压在导线上，防止轧断导线而发生触电事故。

（7）工作台上、机床上使用的工作照明灯，其电压不得超过 36 V，在特别危险场所（如金属容器内、潮湿的地沟处等），其电压不得超过 12 V。

（8）使用的工作灯要有良好的绝缘手柄和金属护罩。灯泡的金属灯口不得外露。引线要采用有护套的双芯软线，并装有 T 形插头，禁止插入高压电的插座。

（9）在一般情况下，禁止使用电气临时线。如果必须使用电气临时线，需经过相关部门批准。在使用时应按有关安全标准安装好，不得随意架设，并按规定时间拆除。

（10）发生电气火灾时，应立即切断电源，用沙土及二氧化碳灭火器等专用器材灭火。此时，绝对不可使用水或泡沫灭火器灭火，因为它们导电。救火时，应注意自身的任何部位及灭火器具不得与电线、电气设备接触，以防止触电事故发生。

（11）在打扫卫生、擦拭设备时，严禁用水去冲洗或用湿抹布擦拭电气设施，以防发生短路和触电事故。

任务实施

一、识读垫圈复合冲裁模的零件加工工艺过程卡

垫圈复合冲裁模采用标准模架，导柱 7、导套 8 包含在标准模架中，不需要单独加工，并且在《模具制造机械加工技术》教材中导柱、导套作为模具典型零件已经详细介绍了加工工艺及操作，这里不再重复。垫圈复合冲裁模中重要的非标准件的加工工艺路线体现在它们的加工工艺过程卡中，具体见表 1—2—6 ~ 表 1—2—18。非标准件弹压橡胶 5、打杆 12、打板 13 的结构及工艺比较简单，可以根据所学自行制定，本任务略。

1. 识读下模座的加工工艺过程卡（表 1—2—6）。下模座的毛坯来自标准模架零件（自带 $\phi22^{+0.021}_{0}$、$\phi25^{+0.021}_{0}$ mm 孔）。

表 1—2—6　　　　　　　　　下模座的加工工艺过程卡

<table>
<tr><td colspan="2" rowspan="2">垫圈复合冲裁模
零件加工工艺过程卡</td><td>材料</td><td colspan="2">HT200</td><td>图号</td><td colspan="3">DQ—001</td></tr>
<tr><td>产品数量</td><td colspan="2">1</td><td>零件名称</td><td>下模座</td><td>共　页</td><td>第　页</td></tr>
<tr><td rowspan="2">工序号</td><td rowspan="2">工序名称</td><td rowspan="2">工序内容</td><td rowspan="2">车间</td><td rowspan="2">工段</td><td rowspan="2">设备</td><td rowspan="2">工艺装备</td><td colspan="2">工时</td></tr>
<tr><td>准终</td><td>单件</td></tr>
<tr><td>10</td><td>钳加工</td><td>划线</td><td></td><td></td><td></td><td></td><td></td><td></td></tr>
<tr><td>20</td><td>钻削</td><td>装夹，校正，钻中心孔</td><td></td><td></td><td>X6325 型万能摇臂铣床</td><td>$\phi 3$ mm 中心钻</td><td></td><td></td></tr>
<tr><td></td><td></td><td>钻 3 × $\phi 9$ mm 孔</td><td></td><td></td><td></td><td>$\phi 9$ mm 钻头</td><td></td><td></td></tr>
<tr><td></td><td></td><td>锪 3 × $\phi 14$ mm 孔，深度为 10 mm</td><td></td><td></td><td></td><td>$\phi 14$ mm 铣刀</td><td></td><td></td></tr>
<tr><td></td><td></td><td>钻 3 × $\phi 14$ mm 孔</td><td></td><td></td><td></td><td>$\phi 14$ mm 钻头</td><td></td><td></td></tr>
<tr><td></td><td></td><td>钻 $\phi 20$ mm 孔</td><td></td><td></td><td></td><td>$\phi 5$、$\phi 20$ mm 钻头</td><td></td><td></td></tr>
<tr><td></td><td></td><td>在 2 × $\phi 8^{+0.015}_{0}$ mm 的位置加工 $\phi 5$ mm 工艺孔</td><td></td><td></td><td></td><td>$\phi 5$ mm 钻头</td><td></td><td></td></tr>
<tr><td></td><td></td><td>孔口倒角 $C2$ mm</td><td></td><td></td><td></td><td></td><td></td><td></td></tr>
<tr><td>30</td><td>检验</td><td></td><td></td><td></td><td></td><td></td><td></td><td></td></tr>
<tr><td>40</td><td>电火花线切割加工</td><td>配作：下模装配后，线切割配作 2 × $\phi 8^{+0.015}_{0}$ mm</td><td></td><td></td><td>DK7740 型电火花线切割机床</td><td></td><td></td><td></td></tr>
</table>

<table>
<tr><td></td><td></td><td></td><td></td><td></td><td></td><td></td><td></td><td></td><td></td><td rowspan="2">设计
（日期）</td><td rowspan="2">审核
（日期）</td><td rowspan="2">标准化
（日期）</td><td rowspan="2">会签
（日期）</td></tr>
<tr><td></td><td></td><td></td><td></td><td></td><td></td><td></td><td></td><td></td><td></td></tr>
<tr><td>标记</td><td>处数</td><td>更改文件号</td><td>签字</td><td>日期</td><td>标记</td><td>处数</td><td>更改文件号</td><td>签字</td><td>日期</td><td></td><td></td><td></td><td></td></tr>
</table>

2．识读下模垫板的加工工艺过程卡（表 1—2—7）。

表 1—2—7　　　　　　　　　下模垫板的加工工艺过程卡

<table>
<tr><td colspan="2" rowspan="2">垫圈复合冲裁模
零件加工工艺过程卡</td><td>材料</td><td colspan="2">45</td><td>图号</td><td colspan="3">DQ—002</td></tr>
<tr><td>产品数量</td><td colspan="2">1</td><td>零件名称</td><td>下模垫板</td><td>共　页</td><td>第　页</td></tr>
<tr><td rowspan="2">工序号</td><td rowspan="2">工序名称</td><td rowspan="2">工序内容</td><td rowspan="2">车间</td><td rowspan="2">工段</td><td rowspan="2">设备</td><td rowspan="2">工艺装备</td><td colspan="2">工时</td></tr>
<tr><td>准终</td><td>单件</td></tr>
<tr><td></td><td></td><td>$\phi 115$ mm × L mm 棒料（2、4、6、15、18、20 零件共用）车外圆至 $\phi 110$ mm</td><td></td><td></td><td></td><td></td><td></td><td></td></tr>
</table>

续表

工序号	工序名称	工序内容	车间	工段	设备	工艺装备	工时	
							准终	单件
10	下料	ϕ110 mm×14 mm			GT4220 型金属带锯床			
20	车削	车平基准 *A* 面			CA6136 型普通车床			
		钻 ϕ18 mm 孔				ϕ5、ϕ18 mm 钻头		
		掉头，车厚度 8 mm 尺寸，留磨削余量 0.3～0.5 mm						
		倒角 *C*2 mm						
30	磨削	粗磨上、下表面			M7130 型平面磨床			
40	钳加工	划线				F11125 型分度头		
50	钻削	装夹，校正			X6325 型万能摇臂铣床			
		钻 6×ϕ9 mm 孔				ϕ9 mm 钻头		
		在 2×$\phi 8^{+0.015}_{0}$ mm 的位置加工 ϕ5 mm 工艺孔				ϕ5 mm 钻头		
		孔口倒角 *C*1～*C*2 mm						
60	热处理	淬火热处理 43～48 HRC						
70	磨削	精磨厚度 8 mm 尺寸，保证平行度 0.025 mm			M7130 型平面磨床			
80	检验							
90	电火花线切割加工	配作：下模装配后，线切割配作 2×$\phi 8^{+0.015}_{0}$ mm			DK7740 型电火花线切割机床			

										设计（日期）	审核（日期）	标准化（日期）	会签（日期）
标记	处数	更改文件号	签字	日期	标记	处数	更改文件号	签字	日期				

3. 识读凸凹模固定板的加工工艺过程卡（表1—2—8）。

表1—2—8　　　　凸凹模固定板的加工工艺过程卡

垫圈复合冲裁模零件加工工艺过程卡		材料	45		图号	DQ—004		
		产品数量	1		零件名称	凸凹模固定板	共　页	第　页
工序号	工序名称	工序内容	车间	工段	设备	工艺装备	工时	
							准终	单件
		ϕ115 mm × L mm（2、4、6、15、18、20共用）车外圆至 ϕ110 mm						
10	下料	ϕ110 mm × 30 mm			GT4220型金属带锯床			
20	热处理	调质热处理28～32 HRC						
30	车削	车平基准 A 面			CA6136型普通车床			
		精车 $\phi30^{+0.021}_{0}$ mm尺寸						
		精车 $\phi35^{+0.2}_{0}$ mm尺寸，深度 $5^{+0.3}_{+0.1}$ mm						
		掉头，车厚度25 mm尺寸，留磨削余量0.3～0.5 mm						
		倒角 $C2$ mm						
40	磨削	精磨厚度25 mm尺寸，保证平行度0.025 mm			M7130型平面磨床			
50	钳加工	划线				F11125型分度头		
60	钻削	装夹，校正			X6325型万能摇臂铣床			
		钻3 × ϕ9 mm孔				ϕ9 mm钻头		
		钻孔并攻螺纹3 × M8				ϕ6.8钻头 M8丝锥		
		在2 × $\phi8^{+0.015}_{0}$ mm的位置加工 ϕ5 mm工艺孔				ϕ5 mm钻头		
		孔口倒角 $C1$ mm						
70	检验							
80	电火花线切割加工	配作：下模装配后，线切割配作2 × $\phi8^{+0.015}_{0}$ mm			DK7740型电火花线切割机床			

										设计（日期）	审核（日期）	标准化（日期）	会签（日期）
标记	处数	更改文件号	签字	日期	标记	处数	更改文件号	签字	日期				

4. 识读卸料板的加工工艺过程卡（表1—2—9）。

表1—2—9　　卸料板的加工工艺过程卡

垫圈复合冲裁模 零件加工工艺过程卡	材料	45	图号	DQ—006		
	产品数量	1	零件名称	卸料板	共　页	第　页

工序号	工序名称	工序内容	车间	工段	设备	工艺装备	工时 准终	工时 单件
		ϕ115 mm × L mm（2、4、6、15、18、20 共用）车外圆至 ϕ110 mm						
10	下料	ϕ110 mm × 14 mm			GT4220 型金属带锯床			
20	车削	车平基准 A 面			CA6136 型普通车床			
		精车 $\phi 25^{+0.084}_{0}$ mm 尺寸						
		掉头，车厚度 8 mm 尺寸，留磨削余量 0.3 ~ 0.5 mm						
		倒角 $C2$ mm						
30		粗磨上、下表面			M7130 型平面磨床			
40	钳加工	划线				F11125 型分度头		
50	钻削	装夹，校正			X6325 型万能摇臂铣床			
		钻孔并攻螺纹 3 × M8				ϕ6.8 mm 钻头 M8 丝锥		
		孔口倒角 $C1$ mm						
60	钳加工	配作弹性挡料销机构（3 × M6、3 × $\phi 4^{+0.012}_{0}$）						
70	热处理	淬火热处理 43 ~ 48 HRC						
80	磨削	精磨厚度 8 mm 尺寸，保证平行度 0.025 mm			M7130 型平面磨床			
90	检验							

										设计（日期）	审核（日期）	标准化（日期）	会签（日期）
标记	处数	更改文件号	签字	日期	标记	处数	更改文件号	签字	日期				

5．识读上模座的加工工艺过程卡（表 1—2—10）。上模座的毛坯来自标准模架零件（自带 $\phi35^{+0.016}_{0}$、$\phi38^{+0.016}_{0}$ mm 孔）。

表 1—2—10　　上模座的加工工艺过程卡

垫圈复合冲裁模零件加工工艺过程卡			材料		HT200		图号		DQ—009					
			产品数量		1		零件名称		上模座		共　页		第　页	
工序号	工序名称	工序内容				车间	工段		设备	工艺装备	工时 准终		工时 单件	
10	钳	划线												
20	钻、镗削	装夹，校正							X6325 型万能摇臂铣床					
		钻、镗 $\phi42^{+0.025}_{0}$ mm 模柄安装孔								$\phi5$、$\phi20$ mm 钻头				
		钻 $4\times\phi9$ mm 孔								$\phi9$ mm 钻头				
		锪 $4\times\phi14$ mm 孔，深度为 15 mm								$\phi14$ mm 铣刀				
		在 $2\times\phi8^{+0.015}_{0}$ mm 的位置加工 $\phi5$ mm 工艺孔								$\phi5$ mm 钻头				
		换面装夹，校正，镗 $\phi51$ mm 孔，深度为 $6^{+0.1}_{0}$ mm												
		孔口倒角 $C1\sim C2$ mm												
30	检验													
40	电火花线切割加工	配作：上模装配后，线切割配作 $2\times\phi8^{+0.015}_{0}$ mm							DK7740 型电火花线切割机床					
									设计（日期）	审核（日期）	标准化（日期）		会签（日期）	
标记	处数	更改文件号	签字	日期	标记	处数	更改文件号	签字	日期					

6．识读模柄的加工工艺过程卡（表 1—2—11）。

表 1—2—11　　模柄的加工工艺过程卡

垫圈复合冲裁模零件加工工艺过程卡			材料	Q235	图号	DQ—011		
			产品数量	1	零件名称	模柄	共　页	第　页
工序号	工序名称	工序内容	车间	工段	设备	工艺装备	工时 准终	工时 单件
10	下料	$\phi55$ mm $\times$ 100 mm			GT4220 型金属带锯床			

续表

工序号	工序名称	工序内容	车间	工段	设备	工艺装备	工时	
							准终	单件
20	车削	车端面			CA6136 型普通车床			
		精车 $\phi42^{+0.033}_{+0.017}$ mm						
		精车 $\phi40^{0}_{-0.08}$ mm						
		车退刀槽 2 mm×0.5 mm						
		倒角 $C1$ mm						
		掉头，车 $\phi50$ mm，精车端面，保证长度 $6^{+0.1}_{0}$ mm						
		钻 $\phi13$ mm 孔				$\phi13$ mm 钻头		
		倒角 $C1$ mm						
30	钳加工	装配后，配钻 $\phi5^{+0.012}_{0}$ mm 止转销			Z512 型台钻	$\phi4.8$ mm 钻头 $\phi5$H7 铰刀		
40	磨削	装配后，配磨模柄底面			M7130 型平面磨床			
50	检验							

										设计（日期）	审核（日期）	标准化（日期）	会签（日期）
标记	处数	更改文件号	签字	日期	标记	处数	更改文件号	签字	日期				

7. 识读上模垫板的加工工艺过程卡（表 1—2—12）。

表 1—2—12　　上模垫板的加工工艺过程卡

垫圈复合冲裁模零件加工工艺过程卡		材料	45		图号	DQ—015		
		产品数量	1		零件名称	上模垫板	共 页	第 页
工序号	工序名称	工序内容	车间	工段	设备	工艺装备	工时	
							准终	单件
		$\phi115$ mm × L mm 棒料（2、4、6、15、18、20 共用）车外圆至 $\phi110$ mm						
10	下料	$\phi110$ mm×14 mm			GT4220 型金属带锯床			

续表

工序号	工序名称	工序内容	车间	工段	设备	工艺装备	工时	
							准终	单件
20	车削	车平基准 A 面			CA6136 型普通车床			
		精车 $\phi40$ mm 孔						
		掉头，车厚度 10 mm 尺寸，留磨削余量 0.3 ~0.5 mm						
		倒角 $C2$ mm						
30	钳加工	划线				F11125 型分度头		
40	磨削	粗磨上、下表面			M7130 型平面磨床			
50	钻削	装夹，校正			X6325 型万能摇臂铣床			
		钻孔 $4\times\phi9$ mm				$\phi9$ mm 钻头		
		在 $2\times\phi8^{+0.015}_{0}$ mm 的位置加工 $\phi5$ mm 工艺孔				$\phi5$ mm 钻头		
		孔口倒角 $C1$ mm						
60	热处理	淬火热处理 43 ~48 HRC						
70	磨削	精磨厚度 10 mm 尺寸，保证平行度 0.015 mm			M7130 型平面磨床			
80	检验							
90	电火花线切割加工	配作：上模装配后，线切割配作 $2\times\phi8^{+0.015}_{0}$ mm			DK7740 型电火花线切割机床			

										设计（日期）	审核（日期）	标准化（日期）	会签（日期）
标记	处数	更改文件号	签字	日期	标记	处数	更改文件号	签字	日期				

8．识读垫板的加工工艺过程卡（表1—2—13）。

表1—2—13　　垫板的加工工艺过程卡

垫圈复合冲裁模零件加工工艺过程卡	材料	45	图号	DQ—018		
	产品数量	1	零件名称	垫板	共 页	第 页

工序号	工序名称	工序内容	车间	工段	设备	工艺装备	工时	
							准终	单件
		ϕ115 mm × L mm 棒料（2、4、6、15、18、20共用）车外圆至ϕ110 mm						
10	下料	ϕ110 mm×12 mm			GT4220型金属带锯床			
20	车削	车平基准A面						
		掉头，车厚度8 mm尺寸，留磨削余量0.3～0.5 mm						
		倒角C1 mm						
30	磨削	粗磨上、下表面			M7130型平面磨床			
40	钳加工	划线				F11125型分度头		
50	钻削	装夹，校正			X6325型万能摇臂铣床			
		钻孔4×ϕ9 mm				ϕ9 mm钻头		
		钻、铰孔4×$\phi6^{+0.048}_{0}$ mm				ϕ5.8 mm钻头 ϕ6H9铰刀		
		在2×$\phi8^{+0.015}_{0}$ mm的位置加工ϕ5 mm工艺孔				ϕ5 mm钻头		
		孔口倒角C1 mm						
60	热处理	淬火热处理43～48 HRC						
70	磨削	精磨厚度8 mm尺寸，保证平行度0.025 mm			M7130型平面磨床			
80	检验							
90	电火花线切割加工	配作：下模装配后，线切割配作2×$\phi8^{+0.015}_{0}$ mm			DK7740型电火花线切割机床			

										设计（日期）	审核（日期）	标准化（日期）	会签（日期）
标记	处数	更改文件号	签字	日期	标记	处数	更改文件号	签字	日期				

9. 识读凸模的加工工艺过程卡（表 1—2—14）。

表 1—2—14　　凸模的加工工艺过程卡

垫圈复合冲裁模 零件加工工艺过程卡		材料	Cr12		图号	DQ—019		
		产品数量	1		零件名称	凸模	共　页	第　页
工序号	工序名称	工序内容	车间	工段	设备	工艺装备	工时 准终	工时 单件
10	下料	ϕ25 mm × 38 mm			GT4220 型属带锯床			
20	车削	车两端面，精车长度，钻顶尖孔			CA6136 型普通车床	ϕ3 mm 中心钻		
		精车外圆 $\phi20^{+0.1}_{0}$ mm				两顶尖装夹工件		
		车 $\phi17.5^{+0.018}_{+0.007}$ mm 外圆，留磨削余量 0.3 ~ 0.5 mm						
		车 $\phi16.5^{+0.06}_{+0.04}$ mm 外圆，留磨削余量 0.3 ~ 0.5 mm						
30	热处理	淬火热处理 58 ~ 62 HRC						
40	钳加工	研磨顶尖孔						
50	磨削	精磨 $\phi17.5^{+0.018}_{+0.007}$ mm			MW1432B 型万能外圆磨床	两顶尖装夹工件		
		精磨 $\phi16.5^{+0.06}_{+0.04}$ mm						
60	检验							

										设计（日期）	审核（日期）	标准化（日期）	会签（日期）
标记	处数	更改文件号	签字	日期	标记	处数	更改文件号	签字	日期				

10. 识读凸模固定板的加工工艺过程卡（表 1—2—15）。

表 1—2—15　　凸模固定板的加工工艺过程卡

垫圈复合冲裁模 零件加工工艺过程卡		材料	45		图号	DQ—020		
		产品数量	1		零件名称	凸模固定板	共　页	第　页
工序号	工序名称	工序内容	车间	工段	设备	工艺装备	工时 准终	工时 单件
		ϕ115 mm × L mm 棒料（2、4、6、15、18、20 共用）车外圆至 ϕ110 mm						

续表

工序号	工序名称	工序内容	车间	工段	设备	工艺装备	工时	
							准终	单件
10	下料	ϕ110 mm×20 mm			GT4220 型金属带锯床			
20	热处理	调质热处理 28～32 HRC						
30	车削	车平基准 *A* 面			CA6136 型普通车床			
		在中心分次钻 ϕ5、ϕ15 mm 孔，再车 $\phi17.5^{+0.018}_{0}$ mm 孔				ϕ5、ϕ15 mm 钻头		
		掉头，车厚度 14 mm 尺寸，留磨削余量 0.3～0.5 mm						
		精车 ϕ21 mm，深度为 $3^{+0.2}_{0}$ mm						
		倒角 *C*1 mm						
30	钳加工	划线				F11125 型分度头		
40	钻削	装夹，校正			X6325 型万能摇臂铣床			
		钻孔 4×ϕ6.5 mm				ϕ6.5 mm 钻头		
		钻、铰 4×ϕ9 mm 孔				ϕ9 mm 钻头		
		在 2×$\phi8^{+0.015}_{0}$ mm 的位置加工 ϕ5 mm 工艺孔				ϕ5 mm 钻头		
		孔口倒角 *C*1 mm						
50	磨削	磨厚度 14 mm 尺寸，保证平行度 0.015 mm			M7130 型平面磨床			
60	检验							
70	电火花线切割加工	配作：上模装配后，线切割配作 2×$\phi8^{+0.015}_{0}$ mm			DK7740 型电火花线切割机床			

										设计（日期）	审核（日期）	标准化（日期）	会签（日期）
标记	处数	更改文件号	签字	日期	标记	处数	更改文件号	签字	日期				

11．识读推块的加工工艺过程卡（表1—2—16）。

表1—2—16　　推块的加工工艺过程卡

垫圈复合冲裁模 零件加工工艺过程卡		材料	45		图号	DQ—021		
		产品数量	1		零件名称	推块	共　页	第　页
工序号	工序名称	工序内容	车间	工段	设备	工艺装备	工时	
							准终	单件
10	下料	$\phi45$ mm × 20 mm			GT4220 型 金属带锯床			
20	车削	车端面			CA6136 型 普通车床			
		在中心分次钻 $\phi5$、$\phi15$ mm 孔，再车 $\phi16.5^{+0.12}_{+0.10}$ mm 孔，留磨削余量 0.3～0.5 mm				$\phi5$、$\phi15$ mm 钻头		
		车 $\phi25^{-0.10}_{-0.16}$ mm 外圆，留磨削余量 0.3～0.5 mm						
		掉头，车平面，精车长度						
		车 $\phi40$ mm 外圆						
		倒角 *C*1 mm						
30	热处理	淬火热处理 43～48 HRC						
40	磨削	精磨 $\phi16.5^{+0.12}_{+0.1}$ mm 孔			MW1432B 型 万能外圆磨床			
		精磨 $\phi25^{-0.10}_{-0.16}$ mm 外圆				$\phi16.5^{+0.12}_{+0.10}$ mm 心棒		
50	检验							

										设计（日期）	审核（日期）	标准化（日期）	会签（日期）
标记	处数	更改文件号	签字	日期	标记	处数	更改文件号	签字	日期				

12．识读凹模的加工工艺过程卡（表1—2—17）。

表1—2—17　　凹模的加工工艺过程卡

垫圈复合冲裁模 零件加工工艺过程卡		材料	Cr12		图号	DQ—022		
		产品数量	1		零件名称	凹模	共　页	第　页
工序号	工序名称	工序内容	车间	工段	设备	工艺装备	工时	
							准终	单件
10	下料	$\phi115$ mm × 25 mm			GT4220 型 金属带锯床			

续表

工序号	工序名称	工序内容	车间	工段	设备	工艺装备	工时	
							准终	单件
20	车削	车外圆 $\phi110$ mm			CA6136 型普通车床			
		车平基准 A 面						
		在中心分次钻 $\phi5$、$\phi20$ mm 孔，再车 $\phi25^{+0.04}_{+0.06}$ mm 孔，留研磨余量 0.02 ~ 0.04 mm				$\phi5$、$\phi20$ mm 钻头		
		掉头，车厚度 18 mm 尺寸，留磨削余量 0.3 ~ 0.5 mm						
		精车 $\phi42$ mm 孔，深度为 8 mm						
		倒角 $C1$ mm						
30	钳加工	划线						
40	钻削	装夹，校正			X6325 型万能摇臂铣床			
		钻孔并攻螺纹 4 × M8				$\phi6.8$ mm 钻头 M8 丝锥		
		在 $2\times\phi8^{+0.015}_{0}$ mm 的位置加工 $\phi5$ mm 工艺孔				$\phi5$ mm 钻头		
		孔口倒角 $C1$ mm						
50	热处理	淬火热处理 60 ~ 64 HRC						
60	磨削	精磨厚度 18 mm 尺寸，保证平行度 0.015 mm			M7130 型平面磨床			
70	钳加工	研磨刃口 $\phi25^{+0.06}_{+0.04}$ mm，表面粗糙度值达到 $Ra0.4$ μm						
80	检验							
90	电火花线切割加工	配作：上模装配后，线切割配作 $2\times\phi8^{+0.015}_{0}$ mm			DK7740 型电火花线切割机床			

										设计（日期）	审核（日期）	标准化（日期）	会签（日期）
标记	处数	更改文件号	签字	日期	标记	处数	更改文件号	签字	日期				

13．识读凸凹模的加工工艺过程卡（表1—2—18）。

表1—2—18　　　　凸凹模的加工工艺过程卡

垫圈复合冲裁模 零件加工工艺过程卡		材料	Cr12		图号	DQ—023		
		产品数量	1		零件名称	凸凹模	共　页	第　页
工序号	工序名称	工序内容	车间	工段	设备	工艺装备	工时 准终	工时 单件
10	下料	$\phi36$ mm×58 mm			GT4220型 金属带锯床			
20	车削	车端面			CA6136型 普通车床			
		精车$\phi34_{-0.2}^{\ 0}$ mm外圆						
		车$\phi30_{+0.008}^{+0.021}$mm外圆，留磨削余量0.3～0.5 mm						
		车$\phi25_{-0.02}^{\ 0}$ mm外圆，留磨削余量0.3～0.5 mm						
		车2mm×0.5mm退刀槽						
		在中心分次钻$\phi5$、$\phi15$ mm孔，车$\phi16.5_{\ 0}^{+0.02}$ mm内孔，留磨削余量0.3～0.5 mm				$\phi5$、$\phi15$ mm 钻头		
		掉头，车端面，长度留磨削余量0.3～0.5						
30	热处理	淬火热处理58～62 HRC						
40	磨削	精磨$\phi16.5_{\ 0}^{+0.02}$ mm内孔			MW1432B型 万能外圆磨床			
		精磨$\phi30_{+0.008}^{+0.021}$ mm外圆				$\phi16.5_{\ 0}^{+0.02}$ mm 心棒		
		精磨$\phi25_{-0.02}^{\ 0}$ mm外圆				$\phi16.5_{\ 0}^{+0.02}$ mm 心棒		
50	钳加工	腐蚀$\phi17$ mm落料孔						
60	检验							
70	磨削	装配后，修磨刃口及底面			M7130型 平面磨床			

										设计（日期）	审核（日期）	标准化（日期）	会签（日期）
标记	处数	更改文件号	签字	日期	标记	处数	更改文件号	签字	日期				

二、加工垫圈复合冲裁模零件

1. 零件划线

凹模、凸模固定板、垫板、上模垫板、卸料板、凸凹模固定板、下模垫板上的孔加工前，需要使用万能分度头和划线游标高度尺，采用简单分度法进行划线。

以上模垫板 15 为例进行划线操作。选用划线平板作为基准工具，准备 F11125 型分度头、游标高度尺、样冲、锤子、直角尺等。

（1）零件经过磨削加工后，在划线一面均匀涂上蓝油（品紫溶液），干燥。

（2）将分度头放在划线平板上，用主轴上的三爪自定心卡盘夹紧工件，用直角尺检测，装夹后平面与划线平板垂直。

（3）将划线游标高度尺调至 125 mm，在工件中心轻划水平线，旋转工件 180°，再在工件中心轻划水平线，两线重合即可。如果两线不重合，应调整分度头或游标高度尺。

（4）将工件等分，在 ϕ80 mm 圆周上间隔 45°和 90°的位置共有 6 个孔。

将划线游标高度尺调至 125 mm，划水平线；间隔 45°的孔的位置，每划完一个孔的位置，手柄应转 5 圈再划第二孔位置；间隔 90°的孔的位置，每划完一个孔的位置，手柄应转 10 圈再划第二孔位置。由于手柄旋转为整数圈，可任意选择分度盘上的孔作为起始基准。

（5）将划线游标高度尺调至 165 mm（或 85 mm），转动手柄。工件水平线转到垂直方向时，划 ϕ80 mm 圆周上孔的相交线。

（6）在划线的交点上打样冲眼。检验合格后，用中心钻钻定位孔，然后进行后续加工。

2. 加工零件

以上模座 9 为例，进行模具零件的加工操作。

（1）装夹并校正上模座

将上模座毛坯放在两块等高垫铁上，用压板压紧在铣床的工作台上，以两个导套孔为基准，用百分表校正上模座两个导套孔中心连线与铣床 *X* 轴方向平行，找正上模座中心。具体步骤如下：

1）校正平面，如图 1—2—5a 所示。

2）以两个导套孔为基准，找到上模座中心，如图 1—2—5b、c 所示。

注意：找到上模座中心后，机床光栅显示器 *X* 轴与 *Y* 轴的数据要清零，设置为上模座坐标系零点。

（2）钻螺钉过孔

摇动横向、纵向工作台移动的手柄，按零件图移动坐标，用 C3 中心钻在上模座钻出中心孔，再用 ϕ9 mm 钻头钻 4 × ϕ9 mm 螺钉过孔。

（3）镗模柄孔

铣床主轴坐标回到上模座坐标系零点，用 ϕ20 mm 的钻头钻穿上模座。

a）

b）

c）

图 1—2—5　找正上模座中心

a）校正平面　b）、c）以两导套孔为基准，找到上模座的中心

采用可调镗孔刀体组合镗刀，刀头采用45°可换式机夹刀片，刀杆直径 D =（0.6 ~ 0.8）d（D—铣刀杆直径，mm；d—镗孔直径尺寸，mm）。镗孔工艺路线：粗镗→半精镗→精镗，保证 $\phi 42^{+0.025}_{0}$ mm 尺寸。

（4）锪孔

拆卸上模座，再换面装夹，用 ϕ14 mm 的钻头钻 4 × ϕ14 mm，深度为 15 mm 的沉孔，用 ϕ14 mm 的锪孔钻锪孔，保证 ϕ14 mm × 15 mm 的尺寸。

（5）拆卸上模座，去毛刺，检测。

3. 加工其他零件

垫圈复合冲裁模其他非标准件的加工可根据各个零件的加工工艺过程卡自行完成，本任务略。

三、评价

垫圈复合冲裁模零件加工评分标准见表 1—2—19。

表 1—2—19　　垫圈复合冲裁模零件加工评分标准表

考核项目	考核内容及要求	配分	评分标准	检测结果	得分
模具零件加工	下模座	8	尺寸及几何精度超差，不得分		
	下模垫板	5	尺寸及几何精度超差，不得分		
	凸凹模固定板	5	尺寸及几何精度超差，不得分		
	弹压橡胶	2	尺寸及几何精度超差，不得分		

续表

考核项目	考核内容及要求	配分	评分标准	检测结果	得分
模具零件加工	卸料板	5	尺寸及几何精度超差，不得分		
	上模座	8	尺寸及几何精度超差，不得分		
	模柄	5	尺寸及几何精度超差，不得分		
	打杆	3	尺寸及几何精度超差，不得分		
	打板	3	尺寸及几何精度超差，不得分		
	上模垫板	5	尺寸及几何精度超差，不得分		
	垫板	5	尺寸及几何精度超差，不得分		
	凸模	8	尺寸及几何精度超差，不得分		
	凸模固定板	5	尺寸及几何精度超差，不得分		
	推块	5	尺寸及几何精度超差，不得分		
	凹模	8	尺寸及几何精度超差，不得分		
	凸凹模	10	尺寸及几何精度超差，不得分		
安全文明生产	正确执行安全操作规程	5	每违反一项规定，扣1分		
	正确穿戴劳保用品（如工作服、工作帽等）	5	穿戴不整齐，不得分		
总计		100			

任务拓展

一、万能分度头划线的常用方法

使用分度头进行分度的方法有直接分度法、角度分度法、简单分度法和差动分度法等。

1. 直接分度法

当分度精度要求较低时，摇动分度手柄，根据回转壳体上的刻度和主轴刻度环直接读数进行分度。分度前须将刻度环锁紧螺钉锁紧。

2. 角度分度法

当分度精度要求较低时，也可利用分度手轮上可转动的分度刻度环和分度游标环来实现分度。分度刻度环每旋转一周的分度值为9°，刻度环每一小格读数为1′，分度游标环刻度一小格读数为10″。

3. 简单分度法

简单分度法是最常用的分度方法。它利用分度盘上不同的孔数和定位销，通过计算来实现工件所需的等分数。

由分度头传动结构可知，分度头手柄心轴与蜗杆之间的传动比为1∶1，蜗杆为单头，主轴上的蜗轮齿数为40。如果分度头手柄转过1周，分度头主轴即转动1/40周。因此分度头手柄的转数可按下列公式计算：

$$n = \frac{40}{Z}$$

式中 n——分度手柄转数；

Z——工件所需等分数。

如果工件需要4等分，每划完一个孔的位置后，分度头手柄应转10周后再划第二个孔的位置。

二、万能摇臂铣床上镗孔

镗孔是万能摇臂铣床的主要加工内容之一。它能精确地保证孔系的尺寸精度和几何精度，并纠正上道工序的误差。镗削可以对工件上的通孔和盲孔进行粗加工、半精加工和精加工。以X6325型万能摇臂铣床为例，在该机床上镗孔所获得的孔的尺寸精度控制在IT7～IT8，孔距间误差一般控制在±0.025～±0.06 mm，两孔轴心线平行度误差控制在0.03～0.10 mm，镗削表面粗糙度值一般为Ra1.6～0.4 μm。

1. 可调镗孔刀体

在万能摇臂铣床上镗孔时，一般采用可调镗孔刀体（图1—2—6）。这种镗刀结构简单，调刀方便、准确，与镗刀杆（图1—2—7）配合使用，可以保证产品质量，提高生产效率，特别适用于模具零件的孔加工。可调镗孔刀体可用于铣床、镗床及钻床上的孔加工。

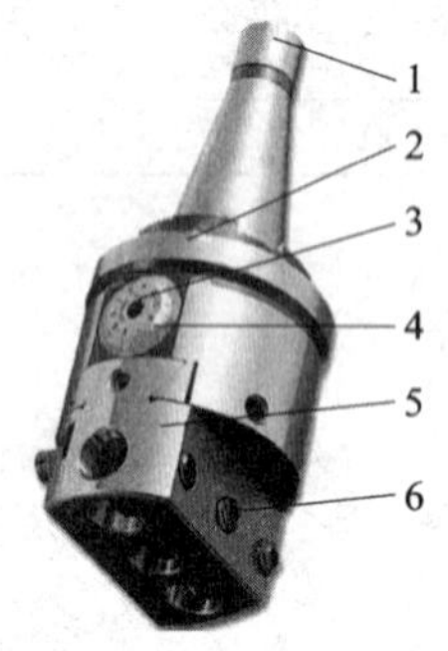

图1—2—6　可调镗孔刀体

1—锥柄主体　2—主体　3—微调丝杠　4—刻度盘
5—55°燕尾滑动刀座　6—刀杆锁紧螺钉

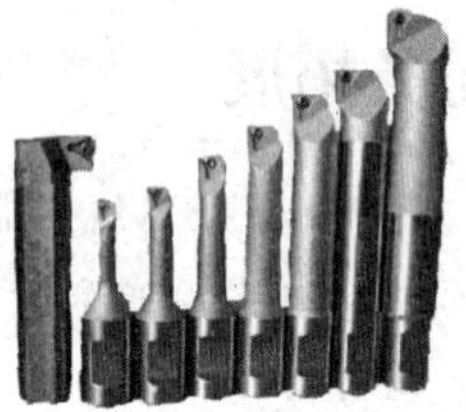

图1—2—7　镗刀杆

2. 镗孔工艺

孔的镗削加工往往要经过粗镗→半精镗→精镗工序的过程。粗镗、半精镗、精镗工序的选择由所镗孔的精度要求、工件的材质及工件的具体结构等因素决定。

（1）粗镗

粗镗是圆柱孔镗削加工的重要工艺过程，它主要是对工件的毛坯孔（铸、锻孔）或对钻、扩后的孔进行预加工，为下一步半精镗、精镗加工达到要求奠定基础，并能及时发现毛坯的缺陷（裂纹、夹砂、砂眼等）。半精镗的余量一般为2～3 mm（单边）。粗镗后应将夹紧压板松一下，再重新进行夹紧，以减少夹紧变形对加工精度的影响。

（2）半精镗

半精镗是精镗的预备工序，主要是解决粗镗时残留下来的余量不均匀的问题。对精度要求高的孔，半精镗一般分两次进行：第一次主要是去掉粗镗时留下的余量不均匀的部分；第二次镗削的目的是留下合适的精镗余量，以提高孔的尺寸精度、几何精度及减小表面粗糙度。精镗余量一般为0.3～0.4 mm（单边）。对精度要求不高的孔，粗镗后可直接进行精镗，不必设半精镗工序。

(3) 精镗

在粗镗和半精镗的基础上，精镗采用较高的切削速度、较小的进给量，切去粗镗或半精镗留下的较少余量，准确地达到零件图规定的内孔表面。通常精镗背吃刀量大于等于0.01 mm，进给量大于等于0.05 mm/r。

任务三 冷冲压模具装配

工作任务

模具装配是模具制造中的关键工序。模具的装配质量直接影响冲压制件质量、模具的技术状态和使用寿命。

垫圈复合冲裁模的零件齐备后，要根据其装配图的技术要求将零件按照正确的顺序经过组件装配、总装配，成为一副完整的模具。

相关知识

模具装配就是根据模具的结构特点、零件间的相互关系以及装配技术条件，以一定的装配方法和顺序将符合图样技术要求的模具零件连接并固定为组件、部件，直至装配成满足使用要求的模具的工艺过程。简单模具的装配可分为组件装配和总装配，复杂模具的装配可分为组件装配、部件装配和总装配。

一、冷冲压模具装配技术要求

冷冲压模具装配的技术要求，包括模具的外观、安装尺寸和总体装配精度，可参照《冲模技术条件》（GB/T 14662—2006）。

1. 模具外观和装配尺寸要求

（1）冷冲压模具的外露部分锐边应倒钝，安装面应光滑平整，螺钉、销钉头部不能高出安装基准面，并无明显毛刺及击伤等痕迹。

（2）模具闭合高度、承受压力的各配合部位尺寸应与所选设备规格、型号符合。

（3）装配好后的冷冲压模具应刻有模具编号和产品零件图号。大、中型模具应设有吊环孔。

2. 冷冲压模具总体装配精度要求

（1）冷冲压模具零件材料、几何形状、尺寸、精度、表面粗糙度和热处理硬度等均应符合图样要求。各零件的工作表面不允许有裂纹和机械损伤等缺陷。

(2) 冷冲压模具装配后，必须保证模具各零件间的相对位置精度。尤其是制件的有些尺寸与多副冲模尺寸有关时，应特别注意。

(3) 模具的活动部位应保证位置准确、配合间隙适当、动作可靠、运动平稳。例如，推料、卸料机构必须灵活；在模具开启状态时，卸料板或推件器一般应突出凸、凹模表面 0.5 ~ 1 mm。

(4) 模具固定零件应牢固可靠，不得出现松动和脱落状况。

(5) 所选用的模架等级应满足制件的技术要求。

(6) 模具在装配后，上模座沿导柱上下移动时，应平稳，无滞涩现象，导柱与导套配合应符合规定标准要求，且间隙在全长范围内不大于 0.05 mm。

(7) 模柄的圆柱部分应与上模座上表面垂直，其垂直度误差在全长范围内应不大于 0.05 mm。

(8) 所有凸模应垂直于固定安装基准面。凸模装配后的垂直度应符合以下规定，见表 1—3—1。

表 1—3—1　　凸模装配后的垂直度公差等级要求

间隙值（mm）	垂直度公差等级（GB/T 1182—2008）	
	单凸模	多凸模
≤0.02	IT 5	IT 6
>0.02 ~ 0.06	IT 6	IT 7
>0.06	IT 7	IT 8

(9) 装配后应保证凸模与凹模之间的间隙均匀一致，并符合图样要求。

(10) 凸模、凸凹模等与固定板的配合一般按 GB/T 1800.2—2009 中的 H7/n6 或 H7/m6 选取。

(11) 坯料在冲压时定位要准确、可靠、安全。

(12) 冷冲压模具的出件与退料应畅通无阻。

(13) 质量超过 20 kg 的模具应设吊环螺钉或起吊孔，确保安全吊装。起吊时模具应平稳，便于装模。吊环螺钉应符合 GB 825—1988 的规定。

二、模具装配的工艺过程

在模具装配时，操作者一定要按照装配工艺规程进行装配。模具的装配工艺过程大致可分为以下四个阶段：

1. 装配前的准备工作

(1) 熟悉装配工艺规程

模具的装配工艺规程是规定模具整体或部件装配工艺过程和操作方法的工艺文件，也是指导其装配工作的技术文件，是进行装配生产计划及技术准备的依据。因此，在装配前装配人员必须认真阅读装配工艺规程，以了解并掌握模具的装配全过程。

（2）识读、分析装配图

装配图是进行模具装配的主要依据。一般来说，模具的结构在很大程度上决定了模具的装配顺序和方法。分析装配图、部件图及零件图，可以深入了解模具的结构特点和工作性能；了解模具中各零件的作用和它们之间的相互关系、配合要求及连接方式，从而确定合理的装配基准，再结合工艺规程制定出合理的装配方法和装配顺序。

（3）清理和检查零件

根据装配图上的零件明细表，清点零件数量是否够数，随后将各个零件仔细清洗干净，再仔细检查主要零件（如凸、凹模）的形状和尺寸公差及有无变形和裂纹缺陷等，查明各部位配合面的间隙、加工余量。

（4）掌握模具的验收技术条件

模具的验收技术条件是模具质量标准及验收依据，也是装配时的工艺依据。模具厂的验收技术条件主要有客户签订的技术协议书和产品图的技术要求及国家颁布的相关质量标准。所以，在装配前装配人员必须对这些技术条件进行充分了解，才能装配出符合验收条件的模具来。

（5）准备好标准件及相关材料

在装配前，必须按装配图的要求，准备好装配所需的螺钉、销钉、弹簧及装配时所需的辅助材料（如橡胶、黏结剂）等。

（6）布置装配场地

模具的装配场地是保证安全文明生产的必要条件。必须保持场地干净、整洁，避免杂物堆积。同时要将必要的工具、夹具、量具及所需装配设备准备好，合理安置，并擦拭干净。

2. 组件装配

组件装配是指在模具总装配之前，将两个或两个以上的零件按照装配规程及规定的技术要求连接成一个组件的局部装配工作，如凸、凹模及其固定板的组装、卸料机构的组装等。组件装配一定要按技术要求进行，这对整副模具的装配精度起到一定的保证作用。

3. 总装配

模具的总装配是将零件及组件连接成为模具整体的全过程。在总装配前，应选择好装配的基准件，同时安排好模具组件（如冷冲压模具的上、下模，注塑模具的动、定模等）的安装顺序。然后进行装配，并保证装配精度满足各项规定的技术要求。

4. 检验和调试

模具装配完成后，要按模具验收技术条件检验各部分功能，并通过试模对其进行调试，直到制作出合格的制件来，模具才能交付使用。

三、模具的装配方法

由于模具零件的生产属于单件、小批量生产，因此在装配时模具零件加工误差的累积会影响装配精度。模具装配的传统工艺基本采用修配和调整的方法。近年来，模

具加工技术飞速发展，先进的数控技术及计算机加工系统在模具行业中得到广泛的应用，模具零件的加工精度显著提高，而且模具的检测系统日益完善。这些均使得模具装配工艺变得简便，只需要将加工完毕的零件按照正确顺序连接起来，精度高时甚至不需要调试，就可以满足模具装配要求。目前，模具的装配方法大致有以下两种：

1. 配作装配法

配作装配法是在零件加工时，只需对与装配有关的必要部位进行高精度的加工，而孔位精度由钳工进行配作，使各零件装配后的相对位置保持正确关系。采用这种方法时，即使没有坐标镗床等高精度设备，也能装配出高质量的模具。但是，采用这种方法装配耗费的工时较多，且钳工要有较高的技术水平和丰富的实践经验。

2. 直接装配法

直接装配法是将所有零件的型孔、型面及安装孔按图样加工完毕，装配时只要把零件连接起来即可。当装配后的位置精度较差时，需要通过修整零件来进行调整。这种装配方法方便、迅速，而且便于零件的互换，但装配精度取决于零件的加工精度。因此，要有高精度的设备及测量装置，才能保证模具的质量。

综上所述，直接装配法适用于设备齐全的大、中型企业及专业模具生产厂家。而不具备高精度设备的小型工厂仍需采用修配及配作的方法进行模具的装配。

四、冷冲压模具的装配要点及装配顺序

1. 冷冲压模具装配要点

如前所述，在冷冲压模具制造过程中，要制造出一副合格优质的冷冲压模具，除了保证模具零件加工精度外，还需要合理的装配工艺来保证模具的装配质量。装配工艺主要根据模具的类型和结构确定。冷冲压模具装配应遵循以下要点：

（1）合理选择装配方法

要想确定合理的装配方法，必须充分地分析该冷冲压模具的结构特点及零件加工工艺、加工精度等因素，以选择最方便、可靠的装配方法，来保证模具的装配质量。如果冷冲压模具的零件全部采用电火花加工机床、数控机床等精密设备进行加工，其加工精度就较高，再采用标准模架，则模具可以采用直接装配法进行装配。如果模具零件没有采用专用设备加工，又不使用标准模架，零件装配时存在累积误差，则该冷冲压模具只能采用配作装配法进行装配。

（2）合理选择装配顺序

冷冲压模具装配时，最主要的是应保证凸、凹模的间隙均匀。因此，在装配前必须合理地考虑上、下模装配顺序，否则在装配后会出现间隙不易调整的问题。

一般来说，在进行冷冲压模具装配前，应先选择装配基准件。基准件原则上按照冷冲压模具主要零件加工时的依赖关系来确定。一般可在装配时作为基准件的零件有固定板、凸模、凹模、导板等。

冷冲压模具装配顺序就是按照基准来组装其他零件的，其原则是：

1）以导板作为基准进行装配时，应先通过导板的导向作用将凸模装入固定板，再装配上模座，然后装配凹模及下模座。

2）对于连续模（级进模），为了便于调整准确步距，在装配时应先将拼块凹模装入下模座，再以凹模为基准反装凸模，并将凸模通过凹模定位装入凸模固定板中。

3）合理控制凸、凹模间隙并使其间隙在各方向上均匀，这是冷冲压模具装配的关键。在装配时，要根据冷冲压模具的结构特点、间隙值的大小、装配条件及操作者的技术水平和实际经验，来控制凸、凹模的间隙。

4）冷冲压模具装配后，一般要进行试冲。在试冲时若发现问题要进行必要的调整，直到冲出合格的零件为止。

一般情况下，当冷冲压模具零件装入上、下模时，应先安装作为基准的零件。通过基准件再依次安装其他零件。当安装完毕，经检查无误后，可以先钻螺钉孔，拧入螺钉，但不要拧紧，待试模并调整合格后，拧紧螺钉，再配作销钉孔，用销钉固定。

2．装配顺序选择

冷冲压模具的主要零部件组装后，可以进行总装配。为了使凸、凹模间隙装配均匀，需要选择好上、下模的装配顺序。

（1）无导向装置的冷冲压模具

对于上、下模之间无导柱、导套等导向装置的冷冲压模具，其装配比较简单。由于这类冷冲压模具使用时要安装到压力机上进行调整，因此上、下模的装配顺序没有严格要求，一般可分别进行装配。

（2）有导向装置的冷冲压模具

对于有导向装置的冷冲压模具，其装配方法和顺序可按下述进行；

1）装下模。先将凹模放在下模座上，找正位置后再将下模座按凹模孔划线，加工出漏料孔，然后将凹模用螺钉及销钉紧固在下模座上。

2）装配后的凸模与凸模固定板组合，放在下模座上，并用垫板垫起，将凸模导入凹模孔内，找正间隙并使其均匀。

3）上模座、垫板与凸模固定板组合用C形夹钳夹紧后取下，钻上模紧固螺钉孔，并将螺钉略微拧入，但不要拧紧。

4）上模装配后，再将导套轻轻地套入下模的导柱内，检查凸模是否能自如地进入相应的凹模孔，并调整间隙，使之均匀。

5）间隙调整合适后，将螺钉拧紧。取下上模后，钻销钉孔，打入销钉，再安装其他辅助零件。

（3）有导柱的复合冲裁模

对于有导柱的复合冲裁模，一般以凸凹模为装配基准，调整好冲裁间隙后，分别紧固上模、下模组件，配作定位销钉。

（4）有导柱的连续冲裁模

对于有导柱的连续冲裁模，为了便于调整准确步距，一般先以凹模为基准，装下

模；再以凹模孔为基准，将凸模通过卸料板导向，装上模。

各类冷冲压模具的装配顺序并不是一成不变的，可以根据模具结构和操作者的经验进行调整，采取不同的装配顺序。

五、凸、凹模间隙调整方法

为了保证冷冲压模具的装配质量，在装配时必须控制其凸、凹模位置正确和间隙均匀。常用的间隙调整方法有以下几种：

1. 垫片法

如图1—3—1 所示，在凹模刃口周边适当部位放入金属垫片（如铜片），其厚度等于单边间隙值。在装配时，按图样要求及结构情况确定安装顺序。一般先将下模用螺钉、销钉紧固，然后使凸模进入相应的凹模内，并用等高垫块垫起、摆平。这时，用锤子轻轻敲打固定板，使间隙均匀且垫片松紧度一致。调整完后，再将上模座与固定板紧固。这种方法常用于间隙偏大的冷冲压模具。

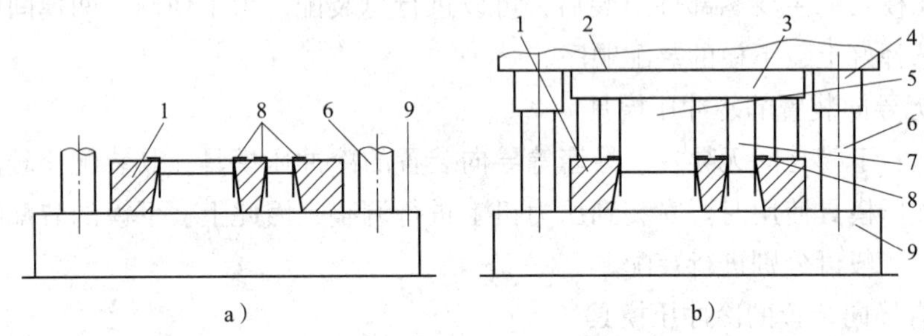

图1—3—1　用垫片控制凹模刃口处间隙

a）放垫片　b）合模效果调整

1—凹模　2—上模座　3—固定板　4—导套　5、7—凸模　6—导柱　8—垫片　9—下模座

2. 透光法

透光法是操作者凭眼睛观察从间隙中透过光线的强弱，来判断间隙的大小和均匀程度的方法，如图1—3—2 所示。装配时，用光源（如手电筒）照射凸、凹模，可在下模漏料孔中仔细观察，边看边用锤子敲击凸模固定板进行调整，直到认为间隙合适时为止，再将上模螺钉及销钉紧固。这种方法常用于间隙较小的冷冲压模具。

3. 定位器定位法

这是在装配时用一个工艺定位器来保证凸模与凹模间隙均匀程度的方法，如图1—3—3 所示。定位器不仅使间隙均匀，而且起稳定作用。定位器是按凸、凹模配合间隙为零来配作的，在一次装夹中成型。所以，当模具凸、凹模位置精度要求高时，这是一种简单、实用的方法。这种方法适用于复合冲裁模。

4. 镀铜（锌）法

这种方法是在凸模的工作段上镀一层厚度为单边间隙值的铜（或锌）来代替垫片的间隙调整方法。镀层可以提高装配间隙的均匀程度。装配后，镀层可在冲压时自然脱落，效果较好；但是增加了模具的装配工序。这种方法适用于形状复杂、凸模数量较多的小间隙冲裁模。

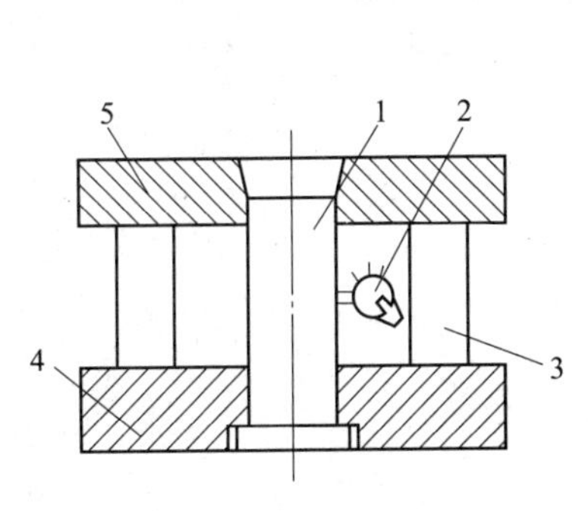

图 1—3—2 透光法调整间隙

1—凸模 2—光源 3—垫块
4—固定板 5—凹模

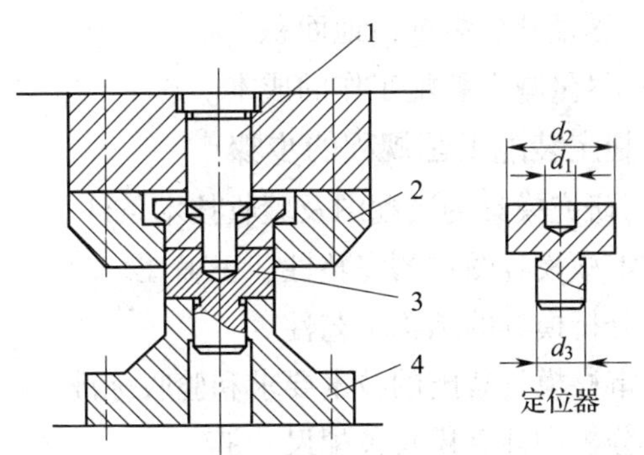

图 1—3—3 工艺定位器调整间隙

1—凸模 2—凹模 3—工艺定位器 4—凸凹模
d_1—与凸模间隙配合部位的直径 d_2—与凹模间隙配合部位的直径
d_3—与凸凹模的孔间隙配合部位的直径

5. 涂层法

这种方法是在凸模工作段涂以厚度为单边间隙值的漆层（磁漆或氨基醇酸绝缘漆）。不同间隙值可用不同黏度的漆或涂不同的次数来达到。涂完漆后，应放入恒温箱内烘干，烘干温度为（100～150）℃，保温约 1 h，冷却后可以装配。涂层在冲压中自然脱落。这种方法适用于小间隙冲裁模。

6. 酸蚀法

在加工凸、凹模时，将凸模的尺寸做成凹模型孔的尺寸，装配完再将凸模工作段部分进行腐蚀，保证间隙值。间隙值的大小由酸蚀时间长短来控制。凸模腐蚀后一定要用清水洗干净。腐蚀操作时，要注意安全。

7. 工艺余量法

这是在凸、凹模加工时把间隙值以工艺余量的形式留在凸模（或凹模）上，来保证间隙均匀的一种方法。在装配前使凸模与凹模按 H7/h6 配合，待装配后取下凸模（或凹模），磨去工艺余量即可。这种方法适用于圆形凸模和凹模。

8. 切纸法

无论采用哪种方法来控制凸、凹模间隙，装配后都须用一定厚度的纸片来试冲。根据所切纸片的切口状态来检验装配间隙的均匀程度，从而确定是否需要调整及往哪个方向调整。如果切口一致，则说明冲裁间隙检验合格；如果纸片局部未被切断或毛刺太大，则表明该处冲裁间隙较大，需进一步调整。

六、装配工艺过程的制定

1. 制定装配工艺过程的基本原则

（1）保证产品的装配质量，以延长产品的使用寿命。

（2）合理安排装配顺序和工序，尽量减少钳工手工劳动量，缩短装配周期，提高装配效率。

（3）尽量减少装配占地面积。

（4）尽量减少装配工作的成本。

2. 制定装配工艺规程的步骤

（1）研究模具的装配图及验收技术条件

1）审核模具图样的完整性、正确性。

2）分析模具的结构工艺性。

3）审核模具装配的技术要求和验收标准。

4）分析和计算模具装配尺寸链。

（2）确定装配方法与组织形式

1）装配方法的确定。这主要取决于模具结构的尺寸大小和质量，以及产品的生产纲领。

2）装配组织形式

①固定式装配。全部装配工作在一个固定的地点完成。这种组织形式适用于单件、小批量的生产和体积、质量大的设备的装配。

②移动式装配。这种形式是将零部件按装配顺序从一个装配地点移动到下一个装配地点，分别完成一部分装配工作，各装配点工作的总和就是整个产品的全部装配工作。这种组织形式适用于大批量生产。

模具的装配工作属于单件、小批量的生产，一般采用固定式装配组织形式。

（3）划分装配单元，确定装配顺序

1）将模具划分为套件、组件和部件等装配单元，进行分级装配。

2）确定装配单元的基准零件。

3）根据基准零件确定装配单元的装配顺序。

（4）划分装配工序

1）划分装配工序，确定工序内容。

2）确定各工序所需的设备和工具。

3）制定各工序装配操作规范（如过盈配合的压入力等）。

4）制定各工序装配质量要求与检验方法。

5）确定各工序的时间定额，平衡各工序的工作节拍。

任务实施

一、装配前的准备工作

1. 阅读、分析垫圈复合冲裁模的装配图、零件图，明确冲压制件的形状、精度要求，以及模具的结构特点、动作原理和技术要求。

2. 确定凸凹模为装配基准件，确定装配顺序和装配方法。

3. 检查零件尺寸、精度是否合格，备好内六角圆柱头螺钉、圆柱销等标准件及装配工具等。

二、识读垫圈复合冲裁模装配工艺过程卡

识读垫圈复合冲裁模装配工艺过程卡（表 1—3—2）。

表 1—3—2　　垫圈复合冲裁模装配工艺过程卡

<table>
<tr><td>制件名称</td><td>垫圈</td><td>模具名称</td><td>垫圈复合冲裁模</td><td colspan="5" rowspan="2">垫圈复合冲裁模装配工艺过程卡</td></tr>
<tr><td>制件代号</td><td>DQ</td><td>模具代号</td><td>DQ－000</td></tr>
<tr><td>工序号</td><td>工序名称</td><td colspan="2">工序内容</td><td>工具</td><td>量具</td><td>检测</td><td>定额</td><td>检验</td></tr>
<tr><td rowspan="3">1</td><td rowspan="3">装配模架</td><td colspan="2">（1）装配导柱：在压力机的工作台上将下模底面向下，擦净配合面并涂上机油，然后将导柱插入导柱孔，在压力机上进行预压配合。检查导柱与下模座板面的垂直度后，继续往下压，直到导柱压实为止</td><td rowspan="3">压力机
铜棒（ϕ25 mm×200 mm）</td><td rowspan="3">百分表
千分表
宽座直角尺</td><td rowspan="3">垂直度
平行度</td><td rowspan="3"></td><td rowspan="3"></td></tr>
<tr><td colspan="2">（2）装配导套：将上模座倒置在导柱上，并套上导套。将导套外圆最大偏差处放在导柱连线垂直位置。接着，检查与导柱的配合，部分压入导套孔。然后取走下模座，继续把导套的压配部分全部压入</td></tr>
<tr><td colspan="2">（3）检测模架的位置精度</td></tr>
<tr><td>2</td><td>装配凸模组件</td><td colspan="2">将凸模压入凸模固定板，保证凸模的垂直。压入后，在平面磨床上用等高垫块支承，磨平凸模底面</td><td>压力机
铜棒（ϕ25 mm×200 mm）</td><td>百分表
直角尺</td><td>垂直度</td><td></td><td></td></tr>
<tr><td>3</td><td>装配凸凹模</td><td colspan="2">（1）清洁固定孔：先将凸凹模固定板固定孔擦净，去除油渍等</td><td>压力机
铜棒（ϕ25 mm×200 mm）</td><td>百分表
直角尺</td><td>垂直度</td><td></td><td></td></tr>
</table>

续表

工序号	工序名称	工序内容	工具	量具	检测	定额	检验
3	装配凸凹模	（2）压装凸凹模：先压入小部分后，用直角尺校正垂直度，合格后再将其全部压入凸凹模固定板	压力机 铜棒（ϕ25 mm ×200 mm）	百分表 直角尺	垂直度		
		（3）配磨凸凹模底面：装配后，在平面磨床上用等高垫块支承，磨平凸凹模底面					
4	补充加工卸料板并装配	根据条料尺寸，在卸料板上确定条料定位尺寸，加工挡料销安装孔。装配卸料板组件	铜棒（ϕ25 mm × 200 mm） 钻床	0 ~ 150 mm 带表游标卡尺	定位尺寸		
5	预装上、下模，调整间隙	（1）预装上模	3 ~ 12 mm 内六角扳手 铜棒（ϕ25 mm ×200 mm）	0.01 ~ 1 mm 塞尺 0 ~ 25 mm 千分尺 25 ~ 50 mm 千分尺 0 ~ 150 mm 带表游标卡尺	间隙		
		（2）以凸凹模为基准，采用垫片法调整间隙					
		（3）预装下模					
6	补充加工销钉孔	线切割（或配钻）加工定位销钉孔	电火花线切割机床 钻床	0 ~ 150 mm 带表游标卡尺	销钉与孔的配合尺寸		
7	补充加工垫板	（1）分解上、下模，将垫板类零件和卸料板热处理	热处理炉 磨床	0 ~ 150 mm 带表游标卡尺	平行度		
		（2）热处理后将垫板上、下表面磨平					
8	装配模柄	（1）压装模柄：将模柄压入上模座板，保证模柄的垂直	压力机 铜棒（ϕ25 mm ×200 mm）	25 ~ 50 mm 千分尺 0 ~ 150 mm 带表游标卡尺	模柄与孔的配合尺寸		
		（2）配磨模柄底面：压入后，在平面磨床上用等高垫块支承，磨平模柄底面					

续表

工序号	工序名称	工序内容	工具	量具	检测	定额	检验
9	装配上模	将上模零件对齐，打入定位销钉，拧紧螺钉	3～12 mm 内六角扳手铜棒（ϕ25 mm×200 mm）	0～25 mm 千分尺 0～150 mm 带表游标卡尺	销钉与孔的配合尺寸		
10	装配下模	将下模零件对齐，打入定位销钉，拧紧螺钉	3～12 mm 内六角扳手铜棒（ϕ25 mm×200 mm）	0～25 mm 千分尺 0～150 mm 带表游标卡尺	销钉与孔的配合尺寸		
11	合模	将上、下模组件合模，对照图样技术要求检查是否完整，间隙是否均匀	铜棒（ϕ25 mm×200 mm）				
12	检验	试冲纸片，以检验模具的装配精度；调整滑块高度，直至制件合格；关闭压力机。打编号、冲裁模图号、制件号等，模具入库	压力机 2 号数字字码	0～150 mm 带表游标卡尺	垫圈制件尺寸		
工艺编制		审核		批准			
日期		日期		日期			

三、装配垫圈复合冲裁模

垫圈复合冲裁模为倒装式复合冲裁模，冲压制件材料为08F，模具的冲裁间隙为0.07～0.1 mm，模具闭合高度为190 mm，标准模架选用滑动导向中间导柱圆形模架（规格为ϕ125 mm×190 mm－Ⅰ）。

装配垫圈复合冲裁模时，首先调整冲裁间隙，补充加工定位销钉孔，然后分别组装模具的上模、下模部分，然后再将组装好的上模部分和下模部分总装在一起。

1. 装配模架

装配模架的工步及操作见表1—3—3。

表 1—3—3 装配模架的工步及操作

工步名称	具体操作	图示
装配导柱	用压力机将导柱压入下模座孔，采用 H7/r6 过盈配合。导柱压到底面时，留出 1～2 mm 间隙。两根导柱的尺寸不同，要保证装配座孔正确	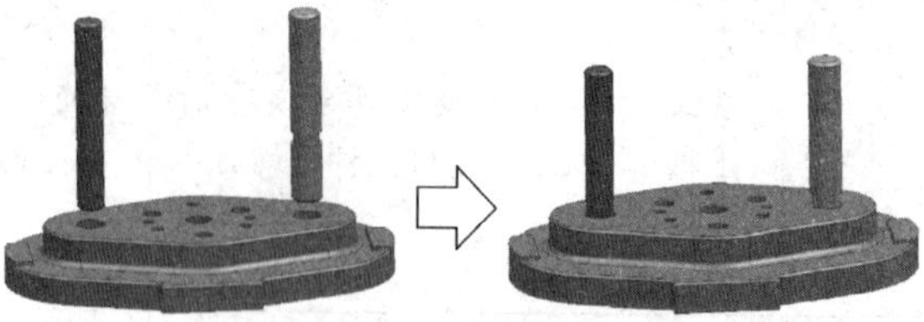
	压入导柱时，压块要放在导柱中心孔上。同时，在导柱截面的两个垂直方向上，用百分表（或宽座直角尺）校正导柱对下模座底面的垂直度	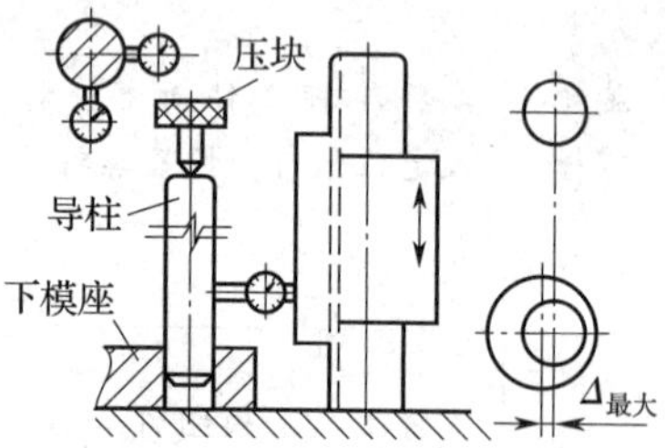
装配导套	以下模座和导柱来定位，导套与上模座孔采用 H7/r6 过盈配合。在保证导套同轴度后，将导套的一部分压入上模座孔。然后，取走下模座，继续把导套的压配部分全部压入。两个导套的尺寸不同，要保证装配座孔正确	
	压入导套时，用千分表检测导套压配部分的内、外圆的同轴度，并使 $\Delta_{最大}$ 值位于在两个导套中心连线的垂直位置上，以减小同轴度误差对导套中心距的影响	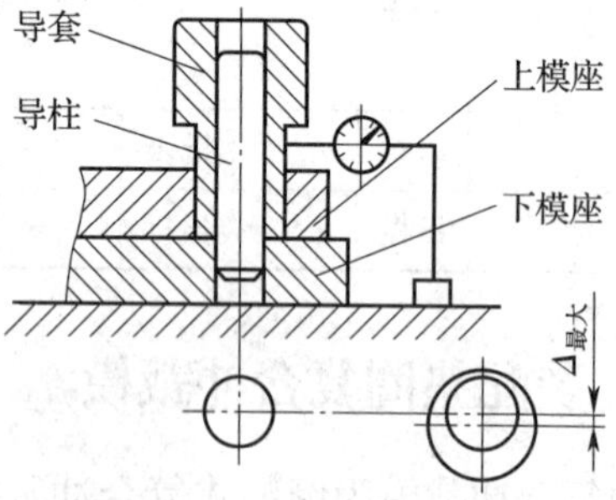
检测模架	模架装配后，将上、下模座对合，中间加垫块放在平板上	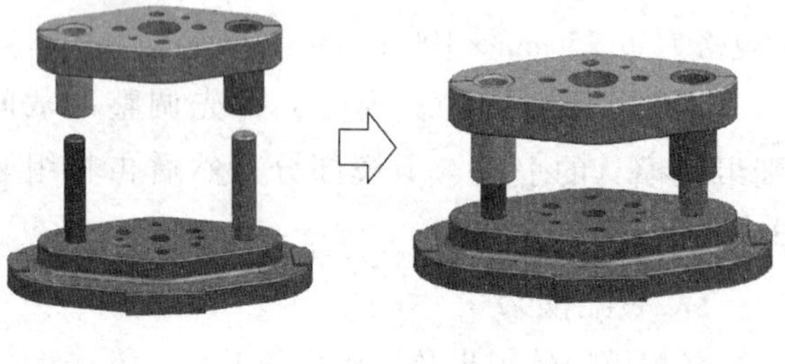

续表

工步名称	具体操作	图示
检测模架	用千分表分别测量上、下模座平行度及导柱、导套对上、下模座的垂直度，对模架进行分级	上模座 导套 球面支持杆 导柱 下模座 标准平板

2. 装配模具组件

装配模具组件的工步及操作见表1—3—4。

表1—3—4　装配模具组件的工步及操作

工步名称	具体操作	图示
装配凸模组件	凸模压入凸模固定板中，采用H7/m6配合	
	装配完成后，磨平凸模刃口端面及尾部底面	凸模 压块 凸模固定板 凸模压入 砂轮 等高垫块 尾部底面磨削
装配凸凹模组件	凸凹模压入凸凹模固定板，采用H7/m6配合。装配完成后，磨平凸凹模底面	
装配卸料板组件	将三枚挡料销分别压入三个弹簧片中	

续表

工步名称	具体操作	图示
装配卸料板组件	配作 3×ϕ4 mm 挡料销安装孔，将装好的弹簧片组件分别与卸料板对合，用内六角螺钉将弹簧片组件拧紧固定	

3. 调整冲裁间隙

调整冲裁间隙的工步及操作见表 1—3—5。

表 1—3—5　　调整冲裁间隙的工步及操作

工步名称	具体操作	图示
预装上模	根据模具装配图，将凹模、凸模固定板组件、垫板、上模垫板和上模座的相关孔的位置和外形对合，用圆柱头内六角螺钉初步预紧，固定上模	
调整间隙	采用垫片法调整模具的冲裁间隙。在凸模和凹模刃口四周放垫片（紫铜片或厚纸片），垫片厚度等于单边间隙值。把组装好的凸凹模组件的刃口部分装入上模组件凹模刃口内 5 mm左右。将刃口配合间隙调节均匀后，紧固上模组件	铜垫片
预装下模	根据模具装配图，将下模垫板和下模座相关孔的位置和外形对合到凸凹模组件上，用圆柱头内六角螺钉初步预紧，固定下模	

续表

工步名称	具体操作	图示
试冲及紧固模具	预装完成后，用 1 mm 厚度的纸片作为试冲材料，用铜棒敲击上模架，进行试冲。如果冲出的纸样轮廓齐整，没有毛刺或毛刺均匀，说明凸、凹模间隙均匀。如果纸样有局部毛刺，则说明间隙不均匀，应重新进行调整，直到间隙均匀，才能紧固上、下模	

4. 模具试装后的补充加工

一般情况下，模具试装后要根据装配工艺过程卡的要求进行补充加工，主要是对部分有配作要求的模具零件进行配作。垫圈复合冲裁模具预装调整好间隙后也要进行补充加工。本任务重点介绍电火花线切割配作 ϕ8H7 圆柱销钉孔（ϕ8H7 圆柱销孔还可以配钻），见表 1—3—6。配作销钉孔后，还要对垫板、上模垫板、下模垫板零件进行热处理、磨削等补充加工，准备总装配，这里不赘述。

表 1—3—6　　电火花线切割圆柱销钉孔的工步及操作

工步名称	具体操作	图示
分离上、下模	间隙调整完成，分开上、下模	
线切割上模圆柱销孔	把上模装夹在线切割机床上，穿丝，找中，编程，线切割 2 × ϕ8H7 圆柱销孔	
线切割下模圆柱销孔	把下模装夹在线切割机床上，穿丝，找中，编程，线切割 2 × ϕ8H7 圆柱销孔	

注：电火花线切割的具体操作可以参见《模具制造机械加工技术》。

5. 总装配

（1）装配上模

装配上模的工步及操作见表 1—3—7。

表1—3—7　　　　　　　　　　装配上模的工步及操作

工步名称	具体操作	图示
准备工作	按照模具装配图上的零件明细表，找出相应的模具零件，进行清点、去毛刺和清洗。特别是对凸模和凹模等重要成型零件进行仔细检查，以防出现裂纹等缺陷而影响装配	
装配模柄	将模柄压入上模座孔，采用H7/m6过渡配合	
	模柄压入后，再钻、铰止转销钉孔。压入并安装止转销钉，防止模柄转动。然后，在平面磨床上将模柄端面磨平	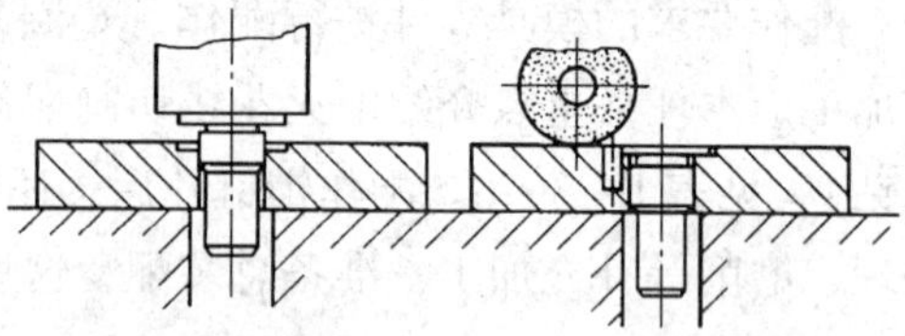
装配推块	推块放入凹模内，保证其移动自如	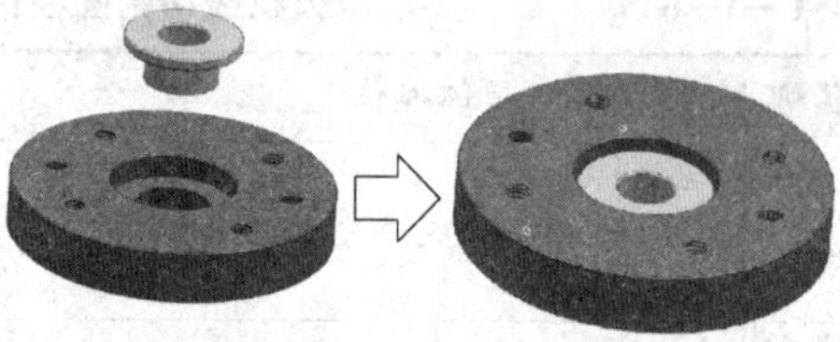
装配凸模、凹模组件	以线切割的圆柱销孔为装配基准，将装配好的凸模组件与凹模组件对合。再将圆柱销从凹模刃口面方向的圆柱销孔压入，直至压平	
装配上模垫板	以线切割的圆柱销孔为装配基准，将前一工步装配的组件与上模垫板对合。将圆柱销继续压入上模垫板，并压平	
装配垫板	以线切割的圆柱销孔为装配基准，将前一工步装配的组件与垫板对合，将圆柱销继续压入垫板，并压平	

续表

工步名称	具体操作	图示
装配ϕ4 mm打杆	将打杆放入上一工步装配的组件的过孔中，要保证打杆上下移动自如	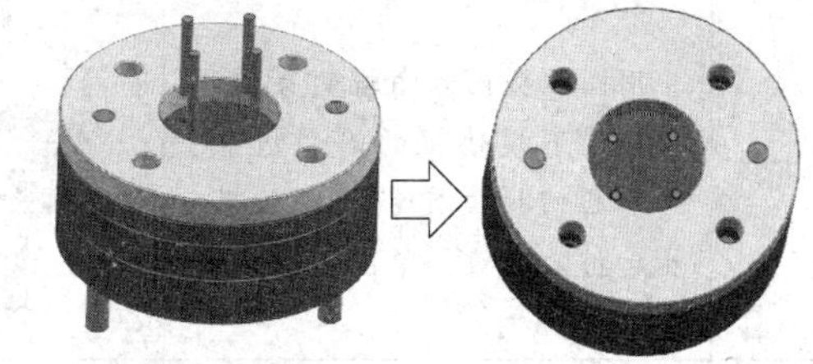
装配打板	将打板放入上一工步装配的组件的过孔中，要保证打板上下移动自如	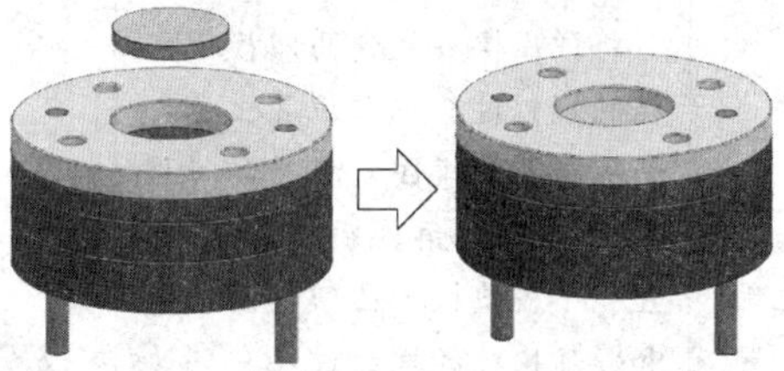
上模座装配	以线切割的圆柱销孔为装配基准，将装配好的上模座与上一工步装配的组件对合。将圆柱销继续压入上模座，并压平。拧紧圆柱头内六角螺钉，固定上模	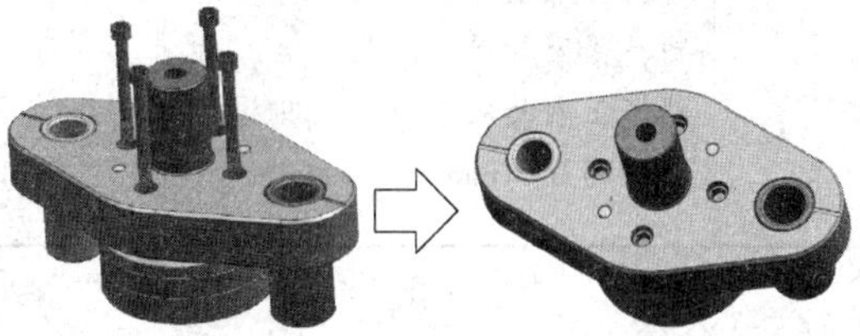

（2）装配下模

装配下模的工步及操作见表1—3—8。

表1—3—8　　装配下模的工步及操作

工步名称	具体操作	图示
准备工作	按照模具装配图上的零件明细表，找出相应的模具零件，进行清点、去毛刺和清洗工作。特别是对凸凹模零件进行仔细检查，以防出现裂纹等缺陷影响装配	
装配下模垫板	以线切割的圆柱销孔为装配基准，将装配好的凸凹模组件与下模垫板对合。将圆柱销压入下模垫板，并压平	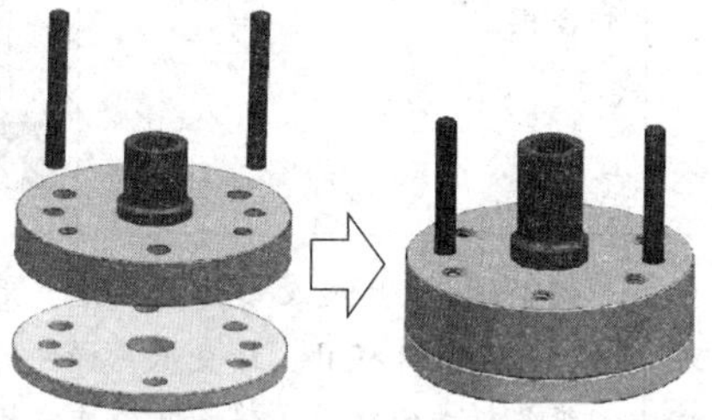
装配下模座	以线切割的圆柱销孔为装配基准，将前一工步装配的组件与下模座对合，将圆柱销继续压入下模座，并压平	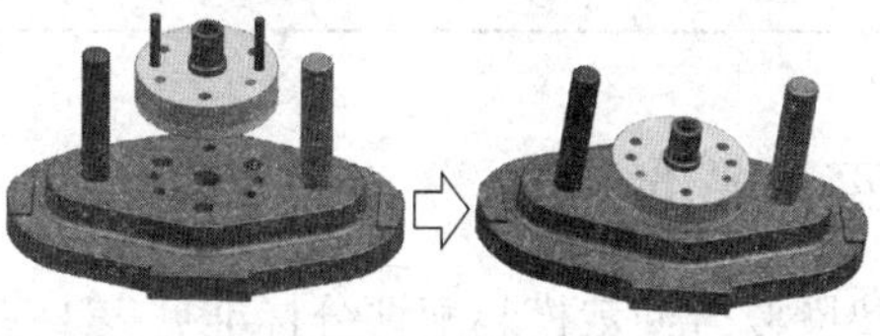

续表

工步名称	具体操作	图示
紧固下模	用圆柱头内六角螺钉穿过下模座、下模垫板的螺钉过孔，到达凸凹模固定板的螺纹孔。然后拧紧螺钉，紧固下模座	
装配卸料装置	将弹压橡胶放到凸凹模固定板的螺钉过孔中心位置上，卸料板与凸凹模固定板对合。用圆柱头内六角螺钉穿过下模座、下模垫板、凸凹模固定板和弹压橡胶的螺钉过孔，到达卸料板螺纹孔。然后，拧紧螺钉，紧固卸料板。装配后，卸料板上表面应露出在凸凹模刃口面约 0.5 mm	

（3）合模

合模的工步及操作见表 1—3—9。

表 1—3—9　　合模的工步及操作

工步名称	具体操作	图示
合模、装配打杆	上模安装打杆。上、下模装配后，根据模具基准及装配方向合模	
试冲纸片	用 1 mm 纸片放入模具刃口处，用铜棒轻轻敲击上模，使模具缓慢合模，并切断纸片，然后拔开模具，检查纸片样件外观是否合格 纸片样件合格后，垫圈复合冲裁模的总装配完成	

四、评价

垫圈复合冲裁模装配评分标准见表 1—3—10。

表 1—3—10　垫圈复合冲裁模装配评分标准表

考核项目	考核内容及要求	配分	评分标准	检测结果	得分
装配前的准备	准备标准件	2	准备不齐，不得分		
	准备装配工具、量具	2	准备不齐，不得分		
	准备耗材	2	准备不齐，不得分		
装配模架	按合理装配顺序进行操作，准确安装导柱、导套，模架应达到Ⅱ级精度要求	12	装配工艺不合理，每次扣 1 分；模架精度不合格，不得分		
装配凸模组件	按合理装配顺序进行操作，满足《冲模技术条件》（GB/T 14662—2006）要求	6	装配工艺不合理，每次扣 1 分；精度不合格，不得分		
装配凸凹模	按合理装配顺序进行操作，满足《冲模技术条件》（GB/T 14662—2006）要求	6	装配工艺不合理，每次扣 1 分；精度不合格，不得分		
补充加工销钉孔	采用线切割加工方法，加工销钉孔	8	精度超差，不得分		
预装上、下模，采用垫片法调整间隙	按合理装配顺序进行操作，冲裁间隙 0.07 ~ 0.1 mm，且间隙均匀	12	初始间隙为 0.07 mm，每增加 0.01 mm，扣 2 分；超差不得分		
模柄装配	按合理装配顺序进行操作，满足《冲模技术条件》（GB/T 14662—2006）要求	8	装配工艺不合理，每次扣 1 分；精度超差，不得分		
补充加工卸料板	条料定位准确 卸料可靠	6	精度超差，不得分		
装配上模	按合理装配顺序进行操作，满足《冲模技术条件》（GB/T 14662—2006）要求	6	装配工艺不合理，每次扣 1 分；精度超差，不得分		
装配下模	按合理装配顺序进行操作，满足《冲模技术条件》（GB/T 14662—2006）要求	6	装配工艺不合理，每次扣 1 分；精度超差，不得分		

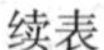

续表

考核项目	考核内容及要求	配分	评分标准	检测结果	得分
合模	按合理装配顺序进行操作，满足《冲模技术条件》（GB/T 14662—2006）要求	6	装配工艺不合理，每次扣1分；精度超差，不得分		
检验	模具满足试模要求	8	试模要求未达到，不得分		
安全文明生产	正确执行安全操作规程	5	每违反一项规定，扣1分		
	正确穿戴劳保用品（如工作服、工作帽等）	5	穿戴不整齐，不得分		
总计		100			

任务四　冷冲压模具调试

工作任务

模具调试的目的是验证模具的制造质量。通过对模具的安装、调试及取卸作业，确保设备、人身安全，并稳定生产出合格的制件。本任务要对装配后的垫圈复合冲裁模进行试冲和调试，从而保证其能够冲压出合格的垫圈，达到该模具的技术要求。

相关知识

一、曲柄压力机及其安全操作

1. 曲柄压力机的结构及工作原理

曲柄压力机（简称压力机）俗称冲床，作为重要的冲压设备，它能进行各种冲压加工，其外形及结构简图如图1—4—1所示。

工作时，电动机通过带轮和齿轮带动曲轴旋转，曲轴通过连杆带动滑块沿导轨做上下往复运动，带动模具实施冲压，模具安装在滑块和工作台之间。由于工艺及操作需要，滑块有时运动，有时停止，因此装有离合器和制动器。另外，压力机在整个工作周期内进行冲压的时间很短，大部分时间为无负荷的空程运动。为了使电动机的负荷较均匀，有效地利用能量，压力机上装有飞轮。在该压力机上，大带轮和大齿轮起着飞轮的作用。

2. 曲柄压力机的主要技术参数

压力机的技术参数反映了压力机的工艺能力及有关生产率等指标。现就主要技术参数说明如下：

（1）公称压力及公称压力行程

压力机的公称压力是指滑块离下止点前某一特定距离或曲柄旋转到离下止点前某一特定角度时，滑块上允许承受的最大作用力。这一特定距离称为公称压力行程。

公称压力是压力机的主要参数，其大小表示压力机本身能够承受冲击的大小，压力机的强度和刚度就是按公称压力进行设计的。我国生产的压力机公称压力已经系列化，如 160、200、250、400、500、630、800、1 000、1 600、2 500、3 150、4 000、6 300 kN 等。

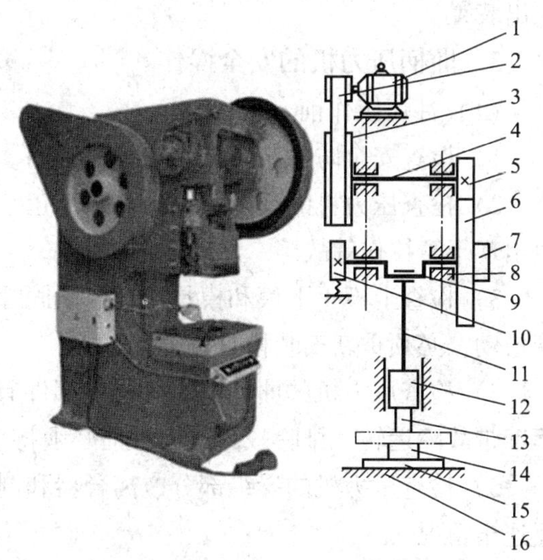

图 1—4—1 曲柄压力机外形及结构简图

1—电动机 2—小带轮 3—大带轮 4—中间传动轴 5—小齿轮 6—大齿轮 7—离合器 8—机身 9—曲轴 10—制动器 11—连杆 12—滑块 13—上模 14—下模 15—垫板 16—工作台

（2）滑块行程

滑块行程是指曲柄旋转一周滑块所移动的距离，即滑块从上止点到下止点所经过的距离，其大小为曲柄半径的两倍。

（3）滑块行程次数

滑块行程次数是指滑块每分钟往复运动的次数。如果是连续作业，它就是每分钟生产制件的个数。目前，自动化压力机多半采用可调行程次数的方式，以期达到根据制件大小及变形特点选择最适当的行程次数的目的。

（4）装模高度

装模高度是指滑块在下止点时，滑块下表面到工作台垫板上表面的距离。当高度调节装置将滑块调整到下止点的最高位置时，装模高度达到最大；当高度调节装置将滑块调整到下止点的最低位置时，装模高度达到最小。装模高度调节的距离称为装模高度调节量。封闭高度是指滑块在下止点时，滑块下表面到工作台上表面的距离。它与装模高度之差等于工作台垫板的厚度。

（5）压力机工作空间的平面尺寸

工作台垫板的上表面、滑块下表面均用“左右 × 前后”的尺寸表示。小型模具的模柄尺寸应与压力机滑块模柄孔尺寸相适应。尺寸较大的上模座安装固定部位应与压力机滑块的 T 形槽及固定件相适应。

（6）工作台孔尺寸

工作台孔尺寸用“左右 × 前后”或（直径）表示。工作台孔用于向下出料或安装顶出装置。

3. 曲柄压力机的安全操作

（1）冲压工作前

1）检查安全防护装置是否完整、好用。严禁拆卸和损坏安全防护装置。

2）检查压力机的润滑系统工作是否正常。按规定加注润滑油，防止曲轴铜套和导轨出现干磨拉伤等故障。

3）检查上模、下模和模具压板、紧固螺钉以及各转运装置有无松动现象。一旦出现松动，必须重新安装模具。

4）检查压力机的曲柄滑块机构各部件有无异常。发现异常应立即采取必要措施，不准带故障运转。排除故障或修理前必须将总电源关闭，机床启动开关处应挂牌警示。

5）检查压力机的操纵部分、离合器和制动器是否处于有效状态，压力机是否有重复连击情况。

6）检查电气接地线是否完好、可靠。

7）压力机启动前，应清理工作台上一切不必要的物品，防止物品振落而击伤人或撞击开关引起滑块突然启动。物品必须严格按照要求摆放，不得随意摆放。

8）压力机正式作业前，必须进行空载试运转，确保压力机各部分运行正常。

（2）冲压过程中

1）禁止在滑块运行中和已踩脚踏板或操作手柄后，伸手去修正模具中坯料的位置。

2）禁止在操纵机构和自动停闭机构运行不正常时进行冲压工作。

3）禁止将高于闭模高度的刚性物体置于冲压区。

4）禁止操作人员直接用手投放零件、清理铁屑和边料。送取工件时要用工具（如镊子）。在压力机工作区内调整工件位置或拿取卡在模具内的工件时，操作人员的脚必须离开脚踏板。

5）禁止将手、头伸入压力机的冲头与冲垫、冷冲压模具上模与下模之间。

6）禁止在压力机运转过程中进行清洗、加油、维修等操作，或到设备顶部观察运转情况。

7）禁止操作人员在操作时与他人说笑、打闹，注意力要高度集中。

8）禁止操作人员酒后进行冲压操作。

9）使用压力机冲压时，每次只允许冲压一件工件。禁止强行冲压多件重叠的工件，避免造成设备、模具损坏及人身伤害事故。

10）如果在一台压力机上有两人以上同时操作，必须由一人负责指挥，发出的工作信号应清晰，待对方做出明确应答并确认离开危险区，再动作。

11）夜间进行冲压工作时，须有足够的照明。

（3）冲压工作后

1）突然停电或操作完毕应关闭电源，并将操纵器恢复到离合器空挡，制动器处在制动状态。

2）完全关闭冲压设备后，做好点检卡记录；清扫设备，工具、物件放置整齐，保持通道畅通。

3）所有模具使用完毕，应进行维护保养。模具清洁完毕，不能直接放在地面上，必须放在模具架上。

4）对压力机进行检修、调整以及在安装、调整、拆卸模具前，应将机床断开电、气、液等动力源，使机床停止运转，并在滑块下加放垫块，以保证可靠支护。

5）下班时，如果模具的上、下模未完成安装工作，应在压力机上悬挂“严禁使用”警示牌。

二、冷冲压模具安装的要求

1. 压力机选用的要求

(1) 压力机的规格与所安装的冲模应符合规定的工艺要求。

由于在压力机上工作时任何违背工艺要求的操作都可能导致严重事故，因此在试模或安装模具之前务必查清它们是否与所规定的工艺要求相符，如压力机的公称压力是否大于冷冲压模具的工艺力。只有在确定压力机规格与冷冲压模具的工艺要求完全相符之后，才能进行冷冲压模具的安装。

(2) 压力机的制动器、离合器及操纵系统等工作要正常。

(3) 压力机要有足够的刚度、强度和精度。

(4) 按一下压力机的启动手柄或踩一下其脚踏板，滑块不应有连冲现象。如果滑块有连冲现象，应调整后再安装模具。

2. 压力机上模具安装表面的要求

压力机上模具的安装表面（即滑块下表面、工作台垫板上表面）应用毛刷及棉纱仔细擦净，不得有任何污物及金属屑。只有确定安装表面洁净，才能将冷冲压模具安装到压力机上，否则可能造成模具的倾斜、挠曲和损坏。

3. 冷冲压模具准备的要求

(1) 模具在安装前，其外观与凸、凹模应无裂损和压伤。

(2) 重新核对压力机的装模高度与冷冲压模具的闭合高度是否相适应。

(3) 确认冷冲压模具上的卸料装置与压力机是否能配套使用。

(4) 冷冲压模具的上、下模座安装表面是否擦拭干净。

(5) 模柄直径与高度是否与压力机安装孔相适应。

4. 冷冲压模具紧固的要求

(1) 冷冲压模具在紧固前，应检查一下其上、下模座安装表面是否平行，只有平行度达到要求时才能紧固。

(2) 安装冷冲压模具的螺栓、螺母与压板应采用专用件，一般不能代用。

(3) 用压板将下模座紧固在压力机台面上时，其紧固用的螺栓拧入螺孔的长度应大于螺栓直径的 1.5 ~2 倍。

(4) 压板的位置应使压板的基准面平行于压力机的工作台面，不允许偏斜。如图 1—4—2 所示，其中图 a 是正确的紧固方法，而图 b 是错误的紧固方法。

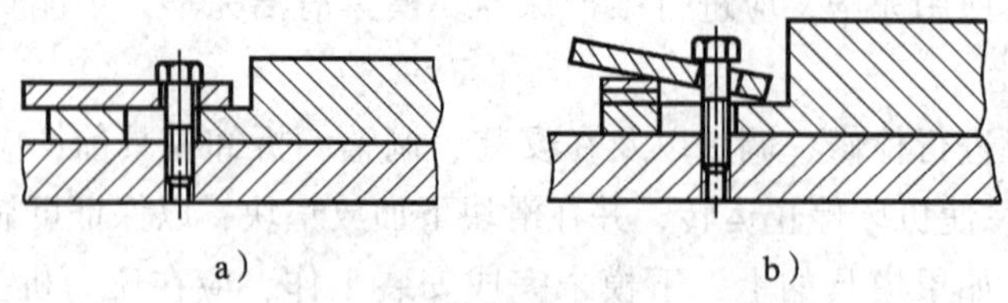

a)　　b)

图 1—4—2　下模的紧固方法

a) 正确　b) 错误

(5) 将冷冲压模具紧固在压力机上时，紧固的位置应与冷冲压模具的对称中心线相对称，且紧固件必须均匀拧紧，否则将造成冷冲压模具的倾斜。

5. 凸模进入凹模的深度要求

安装后，冷冲压模具的上、下模工作零件应正确吻合，且深浅适当。

(1) 冲裁模的冲裁厚度小于 2 mm 时，凸模进入凹模的深度不应超过 0.8 mm；硬质合金模具上凸模进入凹模的深度不超过 0.5 mm。

(2) 拉深模、弯曲模和成型模应采用试模的方法来确定凸模进入凹模的深度，或将样件放在凸、凹模之间调试深浅。

6. 凸、凹模相对位置要求

冷冲压模具的安装、调整应确保其工作时凸模与凹模正确对准、间隙均匀。并且，凸模的中心轴线应与凹模工作平面相互垂直，不得歪斜。

三、冷冲压模具安装的注意事项

1. 上、下模的接触面必须擦拭干净，冷冲压模具的导套不准露出导柱，上、下模应连在一起，必须将打杆装好。

2. 上模座上表面与下模座下表面必须平行，凸模轴线与下模面必须垂直，冷冲压模具的压板要平整，压板紧固螺钉要在对称方向拧紧。

3. 凸模的冲压中心尽量与压力机压力中心重合或接近，最大冲裁力不得超过压力机的公称压力。

4. 不准用手在凸模、卸料板下拿取螺钉和其他物件，以防压伤手。

5. 装卸模具、润滑机床和检修故障时，必须切断电源，待飞轮停止转动后方可进行。

6. 在 100 kN 以下压力机上安装好模具后，用手扳转、校正，然后用纸片试冲，在试冲时不准伸头到刃口附近观看。

四、冷冲压模具调试中的常见问题及调整方法

冷冲压模具调试中的常见问题及调整方法具体见表 1—4—1。

表 1—4—1　　冷冲压模具调试中的常见问题及调整方法

常见问题	产生原因	调整方法
凹模被胀裂	(1) 凹模孔口有倒锥现象，即上口大、下口小 (2) 凹模刃口长度太长，积存的件数太多，胀模力太大	(1) 修整凹模刃口，消除倒锥现象 (2) 减小凹模刃口长度，使冲下的工件或废料尽快漏下
制件形状或尺寸不正确	凸模与凹模的形状或尺寸不正确	形状或尺寸偏差较小时，可修整凸模与凹模，调整间隙；偏差严重时，需更换成型零件
毛刺大且光亮带大	冲裁间隙过小	修整落料模的凸模或冲孔模的凹模，以放大间隙
毛刺大且光亮带很小、圆角大	冲裁间隙过大	更换凸模或凹模，以减小间隙
毛刺部分偏大	冲裁间隙不均匀或局部间隙不合理	调整间隙。如果局部间隙偏小，则可修大；如果局部间隙偏大，有时可加镶块予以补救
制件不平整	(1) 凹模倒锥 (2) 导正销与导正孔配合较紧 (3) 导正销与挡料销间距过小	(1) 修磨凹模，消除倒锥现象 (2) 修整导正销 (3) 修整挡料销
卸料不正常	(1) 装配时卸料零件配合太紧或卸料零件安装倾斜 (2) 弹性零件弹力不足 (3) 凹模和下模座之间的排料孔不同心 (4) 卸料板行程不足 (5) 顶出器顶出距离过短	(1) 修整或重新安装卸料零件，使其能够灵活运动 (2) 更换或加厚弹性零件 (3) 修整下模座排料孔 (4) 修整卸料螺钉头部沉孔深度，或修整卸料螺钉长度 (5) 加长顶出部分长度

续表

常见问题	产生原因	调整方法
刃口相啃	（1）导柱与导套间隙过大 （2）凸模或导柱等安装不垂直 （3）上、下模座不平行 （4）卸料板偏移或倾斜 （5）压力机工作台面与导轨不垂直	（1）更换导柱与导套或模架 （2）重新安装凸模或导柱等零件，校验垂直度 （3）以下模座为基准，修磨上模座 （4）修磨或更换卸料板 （5）检修压力机
制件的内孔与外形相对位置不正确	（1）挡料钉位置偏移 （2）导正销与导正孔间隙过大 （3）导料板的导料面与凹模中心线不平行 （4）侧刃定距尺寸不正确	（1）修整挡料钉位置 （2）更换导正销 （3）调整导料板的安装位置，使导料面与凹模中心线相互平行 （4）修磨或更换侧刃
送料不畅或条料被卡住	（1）导料板间距过小或导料板安装倾斜 （2）凸模与卸料板间隙过大，导致搭边翻边 （3）导料板工作面与侧刃不平行 （4）侧刃与侧刃挡块间不贴合，导致条料上产生毛刺	（1）修整导料板 （2）更换卸料板，以减小凸模与卸料板间隙 （3）修整侧刃或导料板 （4）消除两者之间的间隙

任务实施

一、安装、调试前的准备工作

模具的安装、调试前，应做如下几方面的准备工作：

1. 熟悉模具的结构及工作原理

在安装使用冲裁模前，首先要掌握所冲压制件的形状、尺寸精度和技术要求；掌握工艺流程和各工序要点；熟悉模具的结构特点及工作原理；了解模具的安装方法和注意事项。

2. 检查模具的安装条件

（1）检查模具的闭合高度是否与压力机相关参数相符。

(2) 检查压力机的公称压力是否满足模具的工艺力的要求。

(3) 确定模具的安装槽（孔）位置是否与压力机相适应。

(4) 压力机的漏料孔是否与模具相匹配。

(5) 模具打杆的长度与直径是否与压力机上的打料机构相适应。

3. 检查压力机的工作状态

(1) 检查压力机的制动器、离合器及操纵机构是否工作正常。

(2) 检查压力机上的打料螺钉，并调整到适当位置，以免顶坏打料机构。

4. 检查模具的表面质量

(1) 根据模具装配图检查主要工作零件的尺寸和几何精度。

(2) 检查模具的零件是否齐全。

(3) 检查模具表面是否符合技术要求。

(4) 检查模具的各部分配合面的间隙以及有无变形和裂纹等缺陷。

5. 清洗模具

常用清洗液一般有煤油、香蕉水、酒精或专用的清洗剂。清洁时，可以先用毛刷蘸清洗液清洗模具的污物，再用压缩空气吹扫，最后用不起毛的布擦干。

6. 布置装配工作场地

将装配工作台清理干净，并准备好装配时所需的工具、夹具、量具以及一些辅助设备和材料，如活扳手、铜棒、内六角扳手等。

二、安装、调试垫圈复合冲裁模

在压力机上安装、调试垫圈复合冲裁模的工序及操作见表1—4—2。

表1—4—2　　安装、调试垫圈复合冲裁模的工序及操作

工序名称	具体操作	图示
测量模具的闭合高度	用钢直尺测量开模状态时模具的闭合高度	钢直尺

续表

工序名称	具体操作	图示
测量与调节压力机的冲压高度	（1）将行程开关切换至“寸动”位置	扳手 0~500mm 钢直尺 滑块在下止点位置
	（2）手按“寸动”按钮，将滑块下降至下止点 操作时，注意观察曲轴的角度指示标识，以确保滑块在过下止点1°~2°的位置停止	
	（3）用 0~500 mm 钢直尺测量工作台垫板上表面到滑块下表面的距离	
	（4）用扳手扭动连杆螺母，调节冲压高度，应高出模具的闭合高度 5~15 mm	
模具放置在压力机的工作台上	（1）用适宜的搬运工具搬运模具	滑块回到上止点位置
	（2）将滑块提升至上止点，放置模具	
	（3）确认模具的安装方向、结构、状态等无误	
	（4）调整模具的模柄中心，与滑块固定模柄孔中心对齐	
粗调冲压闭合高度	（1）完全松开锁紧模柄螺栓	扳手 滑块在下止点位置
	（2）手按“寸动”按钮，将滑块下降至下止点位置	
	（3）用手推模具，使模柄贴紧滑块模柄孔内侧位置	
	（4）用扳手扭动连杆螺母，使滑块下表面贴紧模具上模上表面	

续表

工序名称	具体操作	图示
固定上模	拧紧模柄固定块上的两枚紧固螺钉，使上模紧固在滑块上	 呆扳手
固定下模	（1）组装好压紧装置（压板、梯形螺杆、垫块和螺母）	 呆扳手
	（2）按对角交互拧紧螺母，紧固下模	
精调冲床闭合高度	（1）放入纸片，查看模具的合模程度	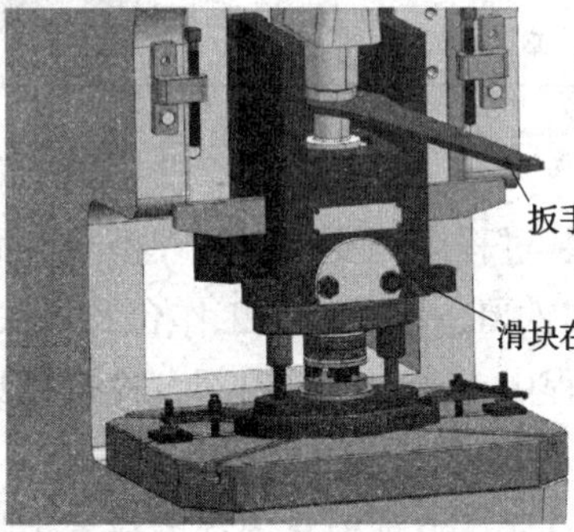 扳手 滑块在下止点位置
	（2）冲裁模的合模深度以0.2～0.3 mm为宜。注意观察是否有间隙不均、啃模等异常现象	
调整打杆的限位螺钉	（1）启动压力机，使滑块提升至上止点位置	 打杆限位螺钉 呆扳手 滑块在上止点位置
	（2）调整限位螺钉，使打杆可靠接触活动横梁 固定好制动螺钉，检查顶出器是否变形而卡住	

续表

工序名称	具体操作	图示
试模	(1) 放入试冲条料，条料边缘贴靠好挡料销	试冲条料 冲压制件
	(2) 脚踩一下冲压踏板，冲压制件	
	(3) 制件能顺利顶出，条料能顺利弹出，模具无异常响声和变形，可以继续冲压制件	
	(4) 将自检合格的试模制件提交检验	
拆卸模具及取出模具	(1) 手按“寸动”按钮，使滑块下降至下止点位置，用扳手拧松模柄固定块上的两个锁紧螺母	锁紧螺母 滑块上止点位置
	(2) 滑块回到上止点位置，拆卸下模的压紧装置	
	(3) 取出模具	

注意事项：

1. 模具安装过程中，要认真清理模具表面、压力机滑块下表面、工作台表面和模柄孔上的杂质和铁屑，以及修整工作台及垫铁不平表面。

2. 试模过程中，清扫模具内部，检查模具各部件，给导柱、导套及其他滑动部注油。

3. 取出模具后，清理模具内部废料等杂物，检查模具技术状态，对长期不使用的模具刃口部位涂防锈油。

4. 试模时，一旦出现制件不能顺利顶出，条料不能顺利弹出，模具发生异响和变形等情况，应立即终止冲压制件。将模具从压力机上卸下，查找问题，分析原因，可以参照表 1—4—1 的常见问题及调整方法，对模具进行调整。

三、检测冲压制件

连续试冲成功，应根据垫片制件的技术要求，按照表 1—4—3 所列内容对垫片进行检验，判断垫片是否合格。

表 1—4—3　　冲压制件检验表

检验项目	检验方法	缺陷描述	检测判断	
			是	否
外观检验	在亮度相当于 40 W 日光灯的光源下，距离 300 mm 目视检验	表面压伤或碰伤		
		表面有易伤手的锐边、毛刺		
		所用冲压材料与制件零件图材料不符		
		制件锈蚀严重，已腐蚀材料内部		
		制件表面生锈，未腐蚀材料内部		
		制件漏冲孔或冲错孔		
尺寸检验	用 0 ~ 150 mm 游标卡尺、0 ~ 25 mm 外径千分尺等测量冲压制件的尺寸	制件 25 mm 尺寸超差		
		制件 16. 5 mm 尺寸超差		
		内孔与外圆同轴度误差超出公差允许范围		

四、模具验收

根据试模情况，按照模具验收单（表 1—4—4）所列内容，对垫圈复合冲裁模模具进行验收，并正确填写有关内容。

表 1—4—4　　模具验收单

品名：垫圈复合冲裁模具	模号：		模具供应商：	
模具质量：________kg	类型：冲孔与落料复合模		模具尺寸（长 × 宽 × 高）：	
进料方向：______	冲压材料：	材料尺寸：		
每分钟冲压次数：______	模具材料：	压力机公称压力：______kN		步距：____mm
检查原因：	□新模	□设计变更		□修模

序号	检查要点	结论
1	模具编号：模号铭牌完整清晰	合　格________ 不合格________
2	模具外形轮廓符合装配图要求	合　格________ 不合格________
3	模具各模板倒角为 $C2$ mm	合　格________ 不合格________

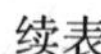
续表

序号	检查要点	结论
4	模具闭合高度满足设计要求	合　格________ 不合格________
5	合模状态下上、下模座平行度≤0.1 mm/m，平面度≤0.15 mm/m	合　格________ 不合格________
6	模具表面质量满足使用要求，目测无碰伤、敲伤、刮伤、变形、凹坑等	合　格________ 不合格________
7	导柱伸进导套的高度至少等于导套高度的一半，导柱不可松动，导向面的表面粗糙度值为 Ra0.8 μm	合　格________ 不合格________
8	模具受力平衡，弹压橡胶分布均衡，且卸料板能有效卸料	合　格________ 不合格________
9	挡料销的直径、长度及导向是否合理，挡料销的弹簧力不能太大	合　格________ 不合格________
10	冲裁刃口间隙合理，冲裁制件毛刺不高于0.1 mm	合　格________ 不合格________
11	模具各零件材料符合零件图要求	合　格________ 不合格________
12	检验试冲数次，观察废料是否能顺利切断并顺利排出模具外	合　格________ 不合格________
13	顶料机构能顺利顶出制件，制件无变形	合　格________ 不合格________
14	必须提供打印的模具图（装配图和零件图）1份及相应的电子文件，确认是否是最新版本的；必须提供零件及材料清单	合　格________ 不合格________
15	交模时模具上附带样件及工序料带	合　格________ 不合格________

检验员：__________　　　　　　　　　　　日期：__________

五、评价

垫圈复合冲裁模安装、调试评分标准见表1—4—5。

表 1—4—5　　垫圈复合冲裁模安装、调试评分标准表

考核项目	考核内容及要求	配分	评分标准	检测结果	得分
准备工作	熟悉模具的结构及工作原理	2	工艺文件准备不齐，不得分		
	检查模具的安装条件	3	操作不规范，每次扣 1 分		
	检查压力机的工作状态	5	操作不规范，每次扣 1 分		
	全面检查模具的质量	5	操作不规范，每次扣 1 分		
	规范清洗模具	5	操作不规范，每次扣 1 分		
	合理布置装配工作场地	5	场地布置不规范，不得分		
安装、调试	模具正确地安装到压力机上	15	安装顺序不合理，每次扣 1 分		
	正确地调整压力机	15	调整不规范，每次扣 1 分		
	试模	15	试模过程不规范，每次扣 1 分		
检测冲压制件	制件外观质量	5	不符合图样要求，不得分		
	制件尺寸精度	5	尺寸超差，不得分		
模具验收	按照验收单内容验收	10	一项不合格扣 1 分		
安全文明生产	正确执行安全操作规程	5	每违反一项规定，扣 1 分		
	正确穿戴劳保用品（如工作服、工作帽等）	5	穿戴不整齐，不得分		
总计		100			

注塑模具制造、装配与调试

注塑模是塑料加工工业中和注射成型机配套，赋予塑料制件完整构型和精确尺寸的工艺装备。因为塑料品种和加工方法众多，注射成型机和塑料制件的结构又多种多样，所以注塑模的种类和结构也是多种多样的。本模块以钥匙挂件注塑模为例，进行注塑模制造、装配与调试的综合实训。

任务一　注塑模具装配图与零件图识读

工作任务

A 字形钥匙挂件（图 2—1—1）是塑料制件，由专用模具在注射成型机上加入塑料物料注射成型。要制造钥匙挂件注塑模，首先需要识读该模具的装配图和零件图。

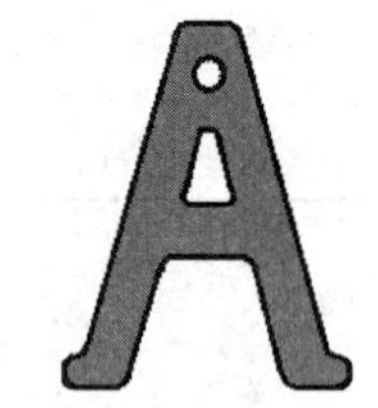

图 2—1—1　A 字形钥匙挂件（塑料）

相关知识

一、注塑模的分类

1. 按成型塑料的材料，可为热塑性塑料注塑模和热固性塑料注塑模。
2. 按注射成型机的类型，可为卧式、立式、直角式注射成型机用注塑模。
3. 按其采用的流道形式，可为普通流道注塑模和热流道注塑模。
4. 按注塑模的结构特征，可分为单分型面注塑模、双分型面注塑模、带有侧向分型与抽芯机构的注塑模、带有活动成型零件的注塑模、无流道注塑模、机动脱螺纹的注塑模等。

二、注塑模的结构组成

注塑模的结构由注射成型机（简称注射机）的类型和塑件的结构特点所决定，每副模具都是由动模和定模组成。动模安装在注射成型机的移动板上，而定模则安装在注射成型机的固定板上。每副注塑模都由众多零部件构成（图 2—1—2）。一般可将这些零部件分为成型零部件和结构零部件两大类。

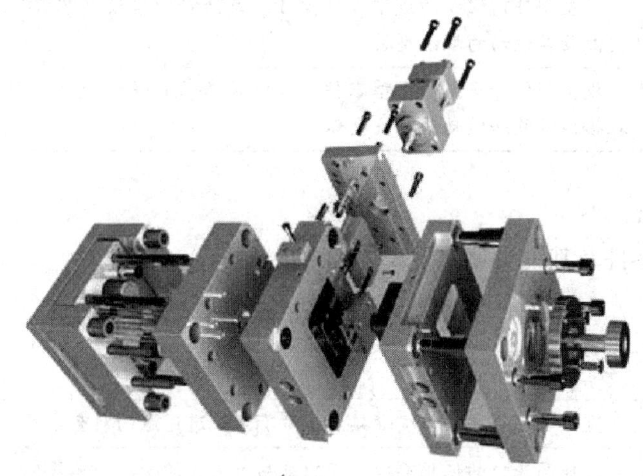

图 2—1—2　注塑模零部件

成型零部件构成模具的模腔，成型时形成塑料制件的形状和尺寸。结构零部件构成模具的完整结构并各司其职，通常包括以下几个组成部分：合模导向机构、支承零部件、浇注系统、推出（脱模）机构、侧向分型与抽芯机构、温度调节系统、排气系统、支承零部件、定位和限位零件等。

1. 成型零部件

成型零部件及其说明具体见表 2—1—1。

表 2—1—1　成型零部件及其说明

零件名称	说　明
型腔	成型塑件表面的凹状零件
型腔板	板状零件，其上有成型塑件表面的凹状轮廓。置于定模部分称作定模型腔板，置于动模部分称作动模型腔板
型芯	成型塑件内表面的凸状零件
侧型芯	成型塑件侧孔、侧凹或侧凸台的零件，可手动或随滑块在模内做抽拔和复位运动的型芯

续表

零件名称	说　　明
镶件	型腔或型芯有容易损坏或难以整体加工的部位时，与主体件分开制造，并嵌入主体的局部成型零件
活动镶件	根据工艺和结构的要求，须随塑件一起出模，才能与塑件分离的成型零件
拼块	用以拼合成型腔或型芯的若干个分别制造的成型零件，包括型腔拼块、型芯拼块
螺纹型芯	成型塑件内螺纹的成型零件，可以是活动的螺纹型芯（取出模外）或在模内做旋转运动的螺纹型芯
螺纹型环	成型塑件外螺纹的成型零件，可以是活动的螺纹型环（整体的或拼合）或在模内做旋转运动的螺纹型环

2. 浇注系统

浇注系统的零件及其说明具体见表2—1—2。

表2—1—2　　浇注系统的零件及其说明

零件名称	说　　明
浇口套	直接与注射成型机喷嘴接触，带有主流道通道的衬套零件
浇口镶块	为提高浇口的使用寿命，浇口采用可更换的耐磨金属镶件
流道板	为开设分流道而专门设置的板件，可分为热流道板和冷流道板

3. 合模导向机构

合模导向机构的零件及其说明见表2—1—3。

表2—1—3　　合模导向机构的零件及其说明

零件名称	说　　明
导柱	与安装在另一半的模具上的导套（或孔）相配合，用以确定动、定模的相对位置，保证模具开、合模运动导向精度的圆柱形零件。有带头导柱和带肩导柱两种
推板导柱	与推板导套（或孔）形成滑动配合，用于推出机构运动导向的圆柱形零件
导套	与安装在另一半模具上的导柱相配合，用以确定动、定模的相对位置，保证模具开、合模运动导向精度的圆套形零件。有直导套和带头导套两种
推扳导套	固定于推板上，与推板导柱形成滑动配合，用于推出机构运动导向的圆套形零件

4. 侧向分型与抽芯机构

如果塑件的侧向有凹凸形状的孔或凸台，在分模的时候必须先把成型塑件侧向凹凸形状的瓣合模块或侧向型芯从塑件上脱开或抽出，塑件方能顺利脱模。侧向分型与抽芯机构的零件及其说明见表2—1—4。

表 2—1—4 侧向分型与抽芯机构的零件及其说明

零件名称	说明
斜导柱	倾斜于分型面装配，随着模具的开闭使滑块（或型腔拼块）在定模内产生往复运动的圆柱形零件
滑块	沿导向结构运动，带动侧型芯（或型腔拼块）完成抽芯和复位动作的零件
侧型芯滑块	由整体材料制成的侧型芯或滑块。由几个滑块构成模具拼块，需先将其分开后，塑件才能顺利脱模
滑块导板	与滑块的导滑面配合，起导滑作用的板件
楔紧块	带有斜角，用于合模时锁紧滑块的零件
弯销	随着模具的开闭，使滑块做抽芯和复位运动的矩形或方形截面的弯折零件
斜滑块	利用斜面与模套的配合而产生滑动，兼有成型、推出和抽芯（分型）作用的型腔拼块
斜槽导板	具有斜导槽，随着模具的开闭，使滑块随着槽做抽芯和复位运动的板状零件

5. 推出机构

推出机构的零件及其说明见表 2—1—5。

表 2—1—5 推出机构的零件及其说明

零件名称	说明
推杆	直接推出塑件或浇注系统凝料的杆件，有圆柱头推杆、带肩推杆和扁头推杆等。圆柱头推杆可用来推顶推件板
推管	直接推出塑件的管状零件
推件板	直接推出塑件的板状零件
推件环	局部或整体推出塑件的环状或盘形零件
推杆固定板	固定推出和复位零件以及推板导套的板状零件
推板	支承推出和复位零件，直接传递机床推出力的板件
拉料杆	设置在主流道的正对面，头部形状特殊，能够拉出主流道凝料的杆件，头部形状有 Z 形、球头形、倒锥形、菌形及圆锥头形等
推流道板	随着开模运动，推出浇注系统凝料的板件

6. 温度调节系统

温度调节系统的零件及其说明见表 2—1—6。

表 2—1—6　　温度调节系统的零件及其说明

零件名称	说　明
冷却水嘴	用于连接橡胶管，向模具内通入冷水的管件
隔板	为改变冷却水的流向而设置在模具内冷却水通道内的金属条（或板）
加热板	分别以热水（油）、蒸汽或电热元件等作为热源的、具有加热结构的板件，用以确保模具温度满足塑料成型工艺要求
隔热板	防止热量传递扩散的板件，用来稳定模具型腔表面的温度，减少热量损失

7. 排气系统

为了将型腔中的空气及注射成型过程中塑料本身挥发出来的气体排出模具外，必须开设排气系统。排气系统通常是在分型面上有目的地开设几条排气沟槽。

8. 支承零部件

用来安装固定或支承成型零部件的均称为支承零部件。支承零部件及其说明见表 2—1—7。

表 2—1—7　　支承零部件及其说明

零件名称	定义及作用
定模座板	使定模固定在注射成型机固定工作台面上的板件
动模座板	使动模固定在注射成型机移动工作台面上的板件
型腔固定板	固定型腔的板状零件
型芯固定板	固定型芯的板状零件
模套	使镶件或拼块定位并紧固在一起的框套形结构零件，或固定型腔或型芯的框套形零件
支承板	防止成型零件（型腔、型芯或镶件）和导向零件轴向位移，并承受成型压力的板件
垫块	调节模具闭合高度，形成推出机构所需的推出空间的块状零件
模脚	调节模具闭合高度，形成推出机构所需的推出行程空间，并使动模固定在注射成型机上的 L 形块状零件，亦称支架
支承柱	为增强动模支承板的刚度而设置在动模支承板和动模座板之间的，起支承作用的柱状零件

9. 定位和限位零件

定位和限位零件及其说明见表 2—1—8。

表 2—1—8　　定位和限位零件及其说明

零件名称	定义及作用
定位圈	使模具主流道与注射成型机喷嘴对中，决定模具在注射成型机上安装位置的圆环形（或圆板形）零件
锥形定位件	合模时，利用相应配合的锥面，使动、定模精确定位的零件
复位杆	固定于推杆固定板上，借助模具的闭合动作，使脱模机构复位的杆件
限位钉	对推出机构起支承和调整作用，并防止推出机构在复位时受异物阻碍的零件，或限制滑块抽芯后最终位置的零件
定距拉杆	在开模分型时，用来限制某一模板仅在限定的距离内做拉开或停止动作的杆件
定位销	使两个或几个模板相互位置固定，防止其产生位移的圆柱形杆件
定距拉板	在开模分型时，用来限制某一模板仅在限定的距离内做拉开或停止动作的板件

生产实际中，通常将合模导向机构与支承零部件合称为注塑模架（也称模胚），它是注塑模的骨架。任何注塑模都是以注塑模架为基础，通过添加成型零部件和其他结构零件而构成。当然，侧向分型与抽芯机构不是必需的部件。

三、注塑模的典型结构

注塑模的典型结构主要分为单分型面注塑模和双分型面注塑模两种。

1. 单分型面注塑模

整个模具中只在动模与定模之间具有一个分型面的注塑模称为单分型面注塑模或两板式（动模板和定模板）注塑模，如图 2—1—3 所示。

合模时，注射成型机开合模系统带动动模向定模方向移动，在分型面处与定模合模。动模和定模合模后，定模板上的型腔与固定在动模板上的型芯组合成与塑件形状、尺寸一致的封闭模腔。该腔在注射成型过程中被注射成型机合模系统所提供的合模力锁紧，以防止它在塑料熔体充填时被所产生的压力涨开。注射成型机从喷嘴中注射的塑料熔体经由开设在定模上的主浇道进入模具，再由分浇道及浇口进入模腔，待熔体充满模腔并经过保压、补缩和冷却定型后开模。开模时，注射成型机开合模系统带动动模移开，这时动、定模两部分从分型面处分开。塑件包在型芯上随动模一起移开，拉料杆将主浇道凝料从主流道衬套中拉出。当动模远离到一定位置时，安装在动模内的推出机构在注射成型机推出装置的作用下，使推杆和拉料杆分别将塑件及凝料从型芯和冷料穴中推出，塑件与浇注系统凝料一起从模具中落下，完成一次注射成型过程。

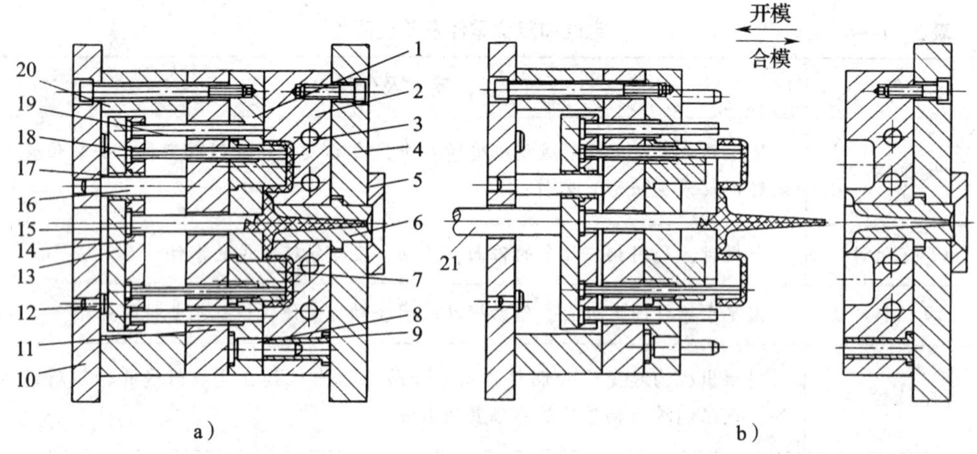

图 2—1—3 单分型面注塑模

a）合模状态 b）开模状态

1—动模板 2—定模板 3—冷却水道 4—定模座板 5—定位圈 6—浇口套 7—型芯 8—导柱 9—导套 10—动模座板 11—支承板 12—支承钉 13—推板 14—推杆固定板 15—拉料杆 16—推板导柱 17—推板导套 18—推杆 19—复位杆 20—垫板 21—注射成型机顶杆

2. 双分型面注塑模

双分型面注塑模有两个分型面，又称为三板式注塑模，如图 2—1—4 所示。$A—A$ 为第一分型面，分型后浇注系统凝料由此脱出；$B—B$ 为第二分型面，分型后塑件由此脱出。

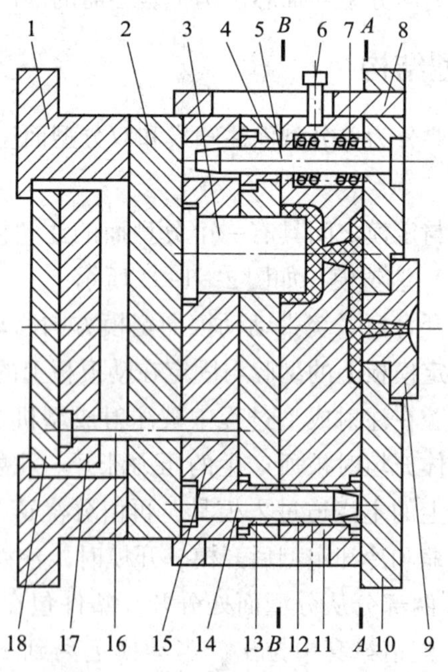

图 2—1—4 卧式双分型面注塑模

1—模脚 2—垫板 3—型芯 4—推件板 5—导柱 6—限位钉 7—弹簧 8—定距拉板 9—浇口套 10—定模座板 11—中间板 12、13—导套 14—导柱 15—型芯固定板 16—推杆 17—推杆固定板 18—推板

由图可知，因为双分型面注塑模增设了一个中间板，整体结构比单分型面注塑模复杂，制造成本较高，且需要较大的开模行程。因此，双分型面注塑模多用于采用点浇口的单型腔或多型腔注射成型生产中，而大型制件或流动性差的塑料成型则较少采用。

开模时，开合模系统带动动模部分移开，由于弹簧对中间板施压，迫使中间板与定模板首先在 *A—A* 处分型，并随动模一起移开，主浇道凝料随之拉出。当中间板远离到一定位置时，安装在定模座板上的定距拉板挡住装在中间板上的限位销，中间板停止移动。动模继续移开，*B—B* 分型面分型，塑件包紧在型芯上。这时，浇注系统凝料就在浇口处自行拉断，然后在 *A—A* 分型面之间自行脱落或由人工取出。动模继续远离至注射成型机的顶杆接触推板时，推出机构开始工作，推出机构在推杆的推动下将塑件从型芯上推出，塑件在 *B—B* 分型面之间自行落下。

四、塑件的尺寸精度等级

塑件的尺寸精度是指成型所获得的塑件尺寸与产品要求的符合程度，即获得塑件尺寸的准确度。影响塑件尺寸精度的因素十分复杂，首先是模具的制造精度和塑料的收缩率波动，其次是模具的磨损程度。另外，在成型时工艺条件的变化、塑件成型后的时效变化、塑件的飞边等都会影响塑件的精度。因此，塑件的尺寸精度应该合理选择，尽可能选择低精度等级。

我国已颁布了工程塑料模塑件的国家标准《塑料模塑件尺寸公差》（GB/T 14486—2008）。模塑件尺寸公差代号为 MT，公差等级分为 7 级，每一级分为 *a*、*b* 两部分，其中 *a* 为不受模具活动部分影响尺寸的公差，*b* 为受模具活动部分影响尺寸（如塑件高度方向的尺寸受水平分型面溢边厚度的影响）的公差。该标准只规定标准公差值，上、下偏差可根据塑件的配合性质来分配。工程塑料模塑件尺寸公差、常用材料、模塑件公差等级的选用均可以查阅上述国标。

任务实施

一、分析塑料制件图

制件为 A 字形钥匙挂件，外形尺寸为 36 mm × 29 mm，中间有 $\phi 3$ mm 的孔，制件的厚度为 $2^{+0.1}_{\ 0}$ mm；制件的材料为聚丙烯（PP）；制件无侧孔，精度等级 MT4 级，如图 2—1—5 所示。钥匙挂件为塑料制件，结构简单，表面要求光滑且无飞边。

二、识读钥匙挂件注塑模的装配图

识读钥匙挂件注塑模装配图（图 2—1—6），了解模具及零件的性能、用途和工作原理；了解各零件间的装配关系及拆装顺序；了解各零件的主要结构形状和作用。

YSGJ

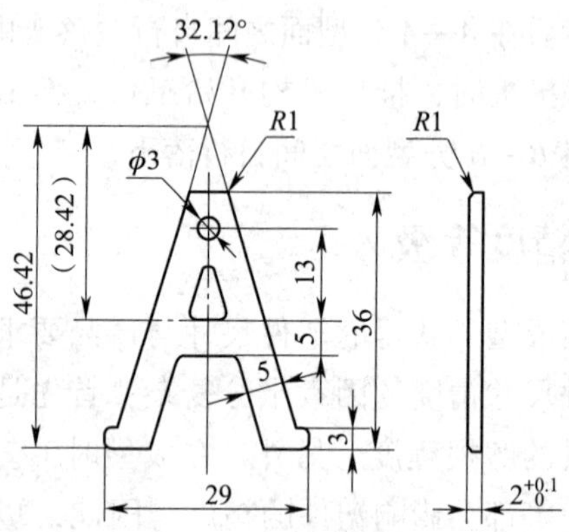

技术要求

1. 制件光滑，无飞边。
2. 未注倒角$C0.5$。
3. 制件精度等级MT4级。

					聚丙烯（PP）			××模具制造厂
标记	处数	更改文件名	签名	日期				钥匙挂件
设计		标准化			图样标记	数量	比例	
审核						1	1∶1	YSGJ
工艺		批准			共　张	第　张		

图 2—1—5　钥匙挂件制件图

技术要求

1. 模具非成型部分的锐边倒角$C1\sim C3$。

2. 装配后的模具闭合高度、安装部位的配合尺寸、顶出形式、开模距离必须满足设计要求。

3. 模具装配后各分型面的间隙应小于PP塑料的溢边值（0.03）。

4. 模具装配完成后，定模底板上表面与动模底板的下表面平行度误差不超过0.05。

5. 模具应在合适部位设置吊环。

6. 装配后应在模具上打上动、定模方向记号、模具编号以及使用设备型号等。

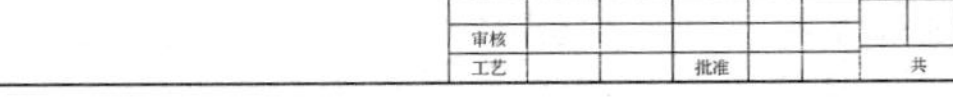

序号	代号	名称	数量	材料	备注
26	YS26	冷却水堵头M10×1	20	铜	标准件
25	YS25	圆柱头内六角螺钉M10×25	4	45 8.8级	标准件
24	YS24	推板15×90×200	1	45	
23	YS23	圆柱头内六角螺钉M6×20	4	45 8.8级	标准件
22	YS22	推杆固定板13×90×200	1	45	
21	YS21	推杆φ3×85	8	T8	标准件
20	YS20	拉料杆φ6×80	1	T8	标准件
19	YS19	支承板30×150×200	1	45	调质28~32 HRC
18	YS18	圆柱头内六角螺钉M6×30	4	45	标准件
17	YS17	动模板20×150×200	1	45	调质28~32 HRC
16	YS16	定模板20×150×200	1	45	调质28~32 HRC
15	YS15	圆柱头内六角螺钉M10×25	4	45 8.8级	标准件
14	YS14	浇口套φ12×35	1	45	淬火51~57 HRC
13	YS13	小型芯φ4×20	2	45	调质28~32 HRC
12	YS12	圆柱头内六角螺钉M6×15	4	45 8.8级	标准件
11	YS11	定位圈φ100×15	1	45	调质28~32 HRC
10	YS10	型腔镶件20×80×120	1	45	调质28~32 HRC
9	YS09	定模座板20×200×200	1	45	调质28~32 HRC
8	YS08	导套φ16×20	4	20Cr	渗碳淬火56~60 HRC
7	YS07	导柱φ16×40	4	20Cr	渗碳淬火56~60 HRC
6	YS06	冷却水嘴M10×1	8	铜	标准件
5	YS05	复位杆φ12×85	4	T8	淬火50~55 HRC
4	YS04	垫块28×50×200	2	45	
3	YS03	限位钉φ6	4	45	
2	YS02	圆柱头内六角螺钉M8×40	4	45 8.8级	
1	YS01	动模座板20×200×200	1	45	调质28~32 HRC

标记	处数	更改文件名	签名	日期	图样标记	质量	比例	××模具制造厂
设计		标准化					1:1	钥匙挂件注塑模
审核					共 张	第 张		YS00
工艺		批准						

图 2—1—6　钥匙挂件注塑模装配图

1. 概括了解

识读模具装配图时，首先要看标题栏、明细栏，从中了解该模具的名称、组成该模具的零件名称、数量、材料以及标准件的规格等。根据视图的大小、绘图比例和装配体的外形尺寸等信息，对模具有一个初步印象。

从标题栏中可看出，此模具名称为“钥匙挂件注塑模”，其结构属于单分型面注塑模。从明细栏和图上的零件序号中，可看出该模具的零件组成，其中含有标准件。钥匙挂件注塑模主要由以下部分组成的：

（1）成型零部件，与塑件直接接触，并决定塑件的尺寸、形状和表面粗糙度的零件，如型腔镶件 10、小型芯 13 和定模板 16。

（2）浇注系统，注射成型机喷嘴射出的熔融塑料所进入的流动通道，包括主流道、分流道、浇口及冷料槽等，如浇口套 14。

（3）导向机构，保证模具中动、定模或推出机构准确导向和定位的零件，如导柱 7 和导套 8。

（4）推出机构，在开模过程中将塑件及浇注系统凝料推出或拉出的装置，如复位杆 5、拉料杆 20、推杆 21、推杆固定板 22、推板 24。

（5）冷却装置，为满足注射成型工艺对模具温度的要求，模具上设置的冷却装置。冷却时，一般在模具型芯、型腔周围开设冷却通道，如冷却水嘴 6、冷却水堵头 26 及冷却水道。

（6）支承与紧固零件，主要起装配、定位和连接的作用的零件，如动模座板 1，定模座板 9，垫块 4，支承板 19，定位圈 11，限位钉 3，圆柱头内六角螺钉 2、12、15、18、23、25。

2. 分析视图，明确表达目的

首先要找到主视图，再根据投影关系识别出其他视图；找出剖视图、断面图所对应的剖切位置，识别出表达方法的名称，从而明确各视图表达的意图和重点，为下一步识图做准备。

（1）分析主视图

主视图为全剖视图，此时模具处于闭合状态，反映了模具的结构特征。重点表达了模具的装配总干线、工作原理及大部分相邻零件间的配合和连接关系。模具大致分为定模组件和动模组件，定模组件与动模组件通过导柱、导套连接。定模组件由压板安装在注射成型机定模固定板上，定位圈与注射成型机喷嘴连接。动模组件用压板安装在注射成型机动模固定板上，与脱模机构连接。

（2）分析俯视图

俯视图是基本视图，重点表达了动模部分的形状特征。俯视图采用了拆卸画法，拆去了定模组件。

3. 分析工作原理与装配关系

（1）钥匙挂件注塑模的工作原理

本模具为单分型面（两板式）注塑模。合模时，在导柱 7 和导套 8 的导向和定位作用下，注射成型机开合模系统带动动模向定模方向移动，在分型面处与定模合模。动模和定模合模后，定模板 16 与固定在动模板 17 上的型腔镶件 10 组合成与塑件形状、尺寸一致的封闭腔，该腔在注射成型过程中被注射成型机合模系统所提供的合模力锁紧，以防止它在塑料熔体充填型腔时被所产生的压力涨开。注射成型机从喷嘴中注射的塑料熔体经由开设在定模上的浇口套 14 进入模具，再由分流道及浇口进入模具的封闭腔，待熔体充满该腔并经过保压、补缩和冷却定型后开模。开模时，注射成型机开合模系统带动动模移开；这时动、定模部分从分型面处分开，塑件留在型腔镶件 10 上随动模一起移开，拉料杆 20 将主流道凝料从浇口套 14 中拉出；当动模远离到一定位置时，安装在动模内的推出机构在注射成型机顶出装置的作用下，推动推板 24 和推杆固定板 22，使推杆 21 和拉料杆 20 分别将塑件及凝料从型腔镶件 10 和冷料穴中推出，塑件与浇注系统凝料一起从模具分型面处落下，完成一次注射过程。合模时，复位杆 5 使推出机构复位，模具准备下一个注射过程。

（2）钥匙挂件注塑模主要零件配合关系

通过对钥匙挂件注塑模主要零件之间的位置关系和工作原理分析，查阅相关手册，可以得到钥匙挂件注塑模主要零件配合关系（表 2—1—9）。

表 2—1—9　钥匙挂件注塑模主要零件的配合关系

配合零件名称	基本尺寸	配合关系
导柱与导套	ϕ16 mm	H7/f6
导柱与动模板	ϕ16 mm	H7/m6
导套与定模板	ϕ25 mm	H7/m6
推杆、复位杆与推杆固定板	ϕ3、ϕ12 mm	H7/f6
小型芯与型腔镶件	ϕ4 mm	H7/m6
型腔镶件与动模板	120 mm × 80mm	H7/m6
浇口套与定模板	ϕ12 mm	H7/m6
浇口套与定位圈	ϕ25 mm	H9/f9

4. 分析技术要求

（1）模具装配完成后，定模座板上表面与动模座板的下表面平行度误差不超过 0. 05 mm。

（2）模具闭合高度为 160 mm。

（3）成型设备选用 PL1200/370 型注射成型机。

（4）模架选用龙记大水口系统（直浇口）的标准模架，规格 AI1520A20B20C50。

（5）制件材料为 PP 塑料，精度等级 MT4 级。

（6）模具装配后分型面的间隙应小于 PP 塑料的溢边值（0. 03 mm）。

5. 归纳总结

根据上述对装配图分析，构建模具整体的三维立体图，如图 2—1—7 所示；明确模具结构特征；了解各零件之间相互位置和配合关系，如图 2—1—8 所示。

图 2—1—7　钥匙挂件注塑模的三维立体图

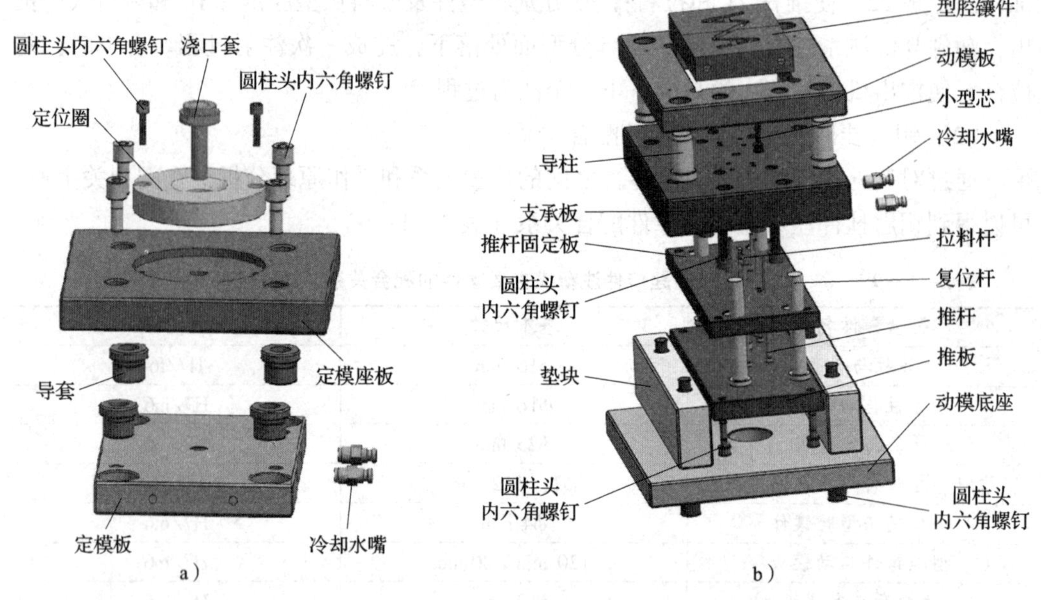

图 2—1—8　钥匙挂件注塑模装配示意图

a）定模　b）动模

二、识读钥匙挂件注塑模的零件图

以型腔镶件零件图（图 2—1—9）为例，详细介绍零件图的识读过程。

1. 看标题栏，了解零件概况

从标题栏可知，零件 10 的名称为“型腔镶件”。型腔镶件是直接决定工件形状与尺寸的成型零件，其材料为 45 钢。

2. 看视图，想象零件形状

分析表达方案和形体结构。表达方案由主视图、左视图和右视图组成，主视图为

YS10
四周
Ra 0.8
A—A
φ6
冷却水孔
4×M6
深15
2×φ8深5
R1
型腔过渡圆角
R3
Ra 6.3
技术要求
1. 型腔分型面锐边不允许倒钝，其他锐边倒角C2。
2. 冷却水道两端M10×1。
3. 调质热处理28~32 HRC。
××模具制造厂
型腔镶件
YS10
45
标记 处数 更改文件名 签名 日期
设计 标准化
审核
工艺 批准
图样标记
数量
比例
1
1:1
共 张 第 张

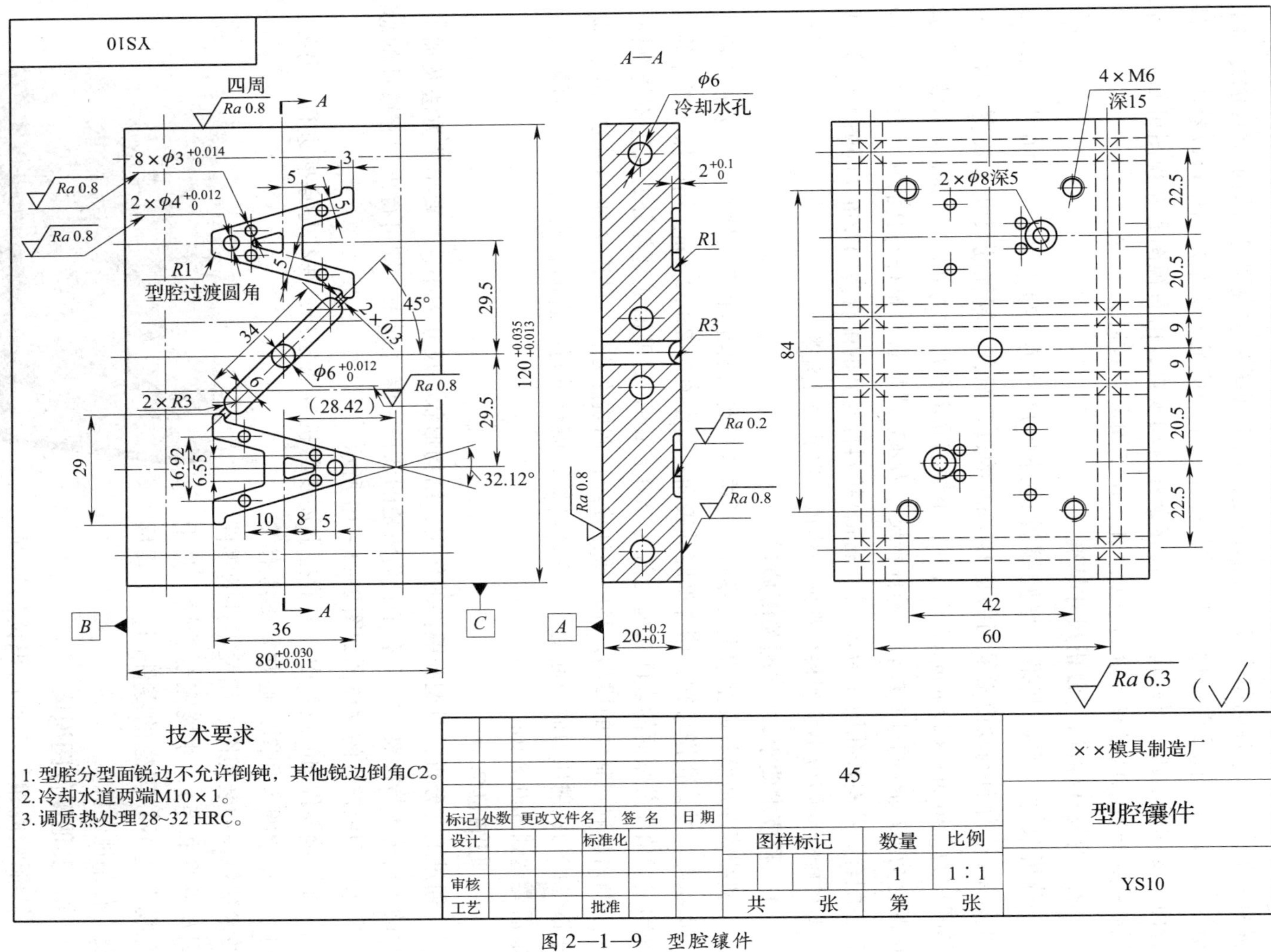

图 2—1—9 型腔镶件

全剖。右视图（结合尺寸）从镶件的正面展现塑件的基本形状。从右视图可以看出，该塑件为 A 字形制件，模具采用的是一模两腔的布局形式。镶件上每个型腔上有一个 $\phi 4$ mm 的小型芯固定孔，还有四个 $\phi 3$ mm 的推杆孔。两个制件型腔之间有分流道。主视图主要体现了塑件的厚度及镶件的厚度，从主视图和左视图可以知道镶件的冷却水道的布局。左视图主要体现了型腔镶件后面的布局情况。从左视图中可以看出，镶件背面主要体现了四个螺钉孔，用于连接镶件与动模板，由右视图和左视图可知，四个螺纹孔是盲孔。两个有台阶的小型芯孔，用于固定小型芯。

3. 看尺寸标注，分析尺寸基准

分析尺寸，明确基准。型腔镶件的外形尺寸为 $120^{+0.035}_{+0.013}$ mm × $80^{+0.030}_{+0.011}$ mm × $20^{+0.2}_{+0.1}$ mm，镶件与动模板采用的是 H7/m6 的过渡配合。制件的尺寸（长度 × 宽度 × 厚度）为：36 mm ×29 mm ×$2^{+0.1}_{0}$ mm；小型芯固定孔尺寸为 $\phi 4^{+0.012}_{0}$ mm，小型芯与其的配合为 H7/m6 的过渡配合。推杆孔尺寸为 $\phi 3^{+0.014}_{0}$ mm，推杆与其的配合为 H7/f6 的间隙配合。拉料杆孔尺寸为 $\phi 6^{+0.012}_{0}$ mm，拉料杆与其的配合为 H7/f6（间隙配合）。成型零件配合间隙应小于塑料材料的溢边值，防止产生溢料。

4. 看技术要求，掌握关键质量

型腔镶件是模具成型的重要零件，是构成塑件腔体的主要零件之一，保证着塑件的形状与尺寸。由图可知，镶件型腔的表面粗糙度值为 *Ra*0.2 μm，用以保证塑件的表面粗糙度值。分型面的表面粗糙度值为 *Ra*0.8 μm。分型面成型部分的锐边不能倒钝，防止倒角影响到制件的成型。型腔镶件要经过调质热处理，硬度达到 28 ~ 32 HRC，防止镶件因为注射压力而引起变形。除此之外，需要进行配合的孔表面，其表面粗糙度值需要达到 *Ra*0.8 μm。

5. 归纳总结

通过上述分析，对型腔镶件的作用、结构形状、尺寸大小、主要工艺方法及加工中的主要技术指标要求，就有了较为清楚的认识。综合起来，即可得出型腔镶件的总体印象，型腔镶件的立体图如图 2—1—10 所示。

在识读零件图的过程中，不能把上述步骤机械地分开，往往是穿插进行。另外，对于较复杂的零件图，通常要参考有关技术资料（如装配图、相关零件的零件图及说明书等），才能完全看懂。对于有些表达不够理想的零件图，需要反复、仔细地分析。

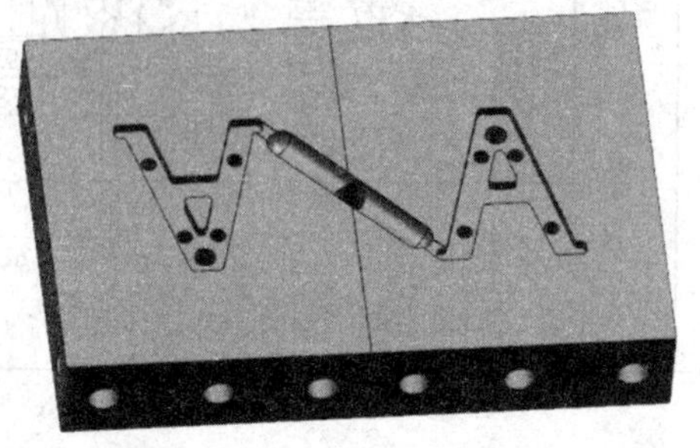
图 2—1—10 型腔镶件立体图

6. 其他零件图识读

参照型腔镶件零件图识读的过程，自行识读该模具其他的非标准件零件图（图 2—1—11 ~ 图 2—1—26）。

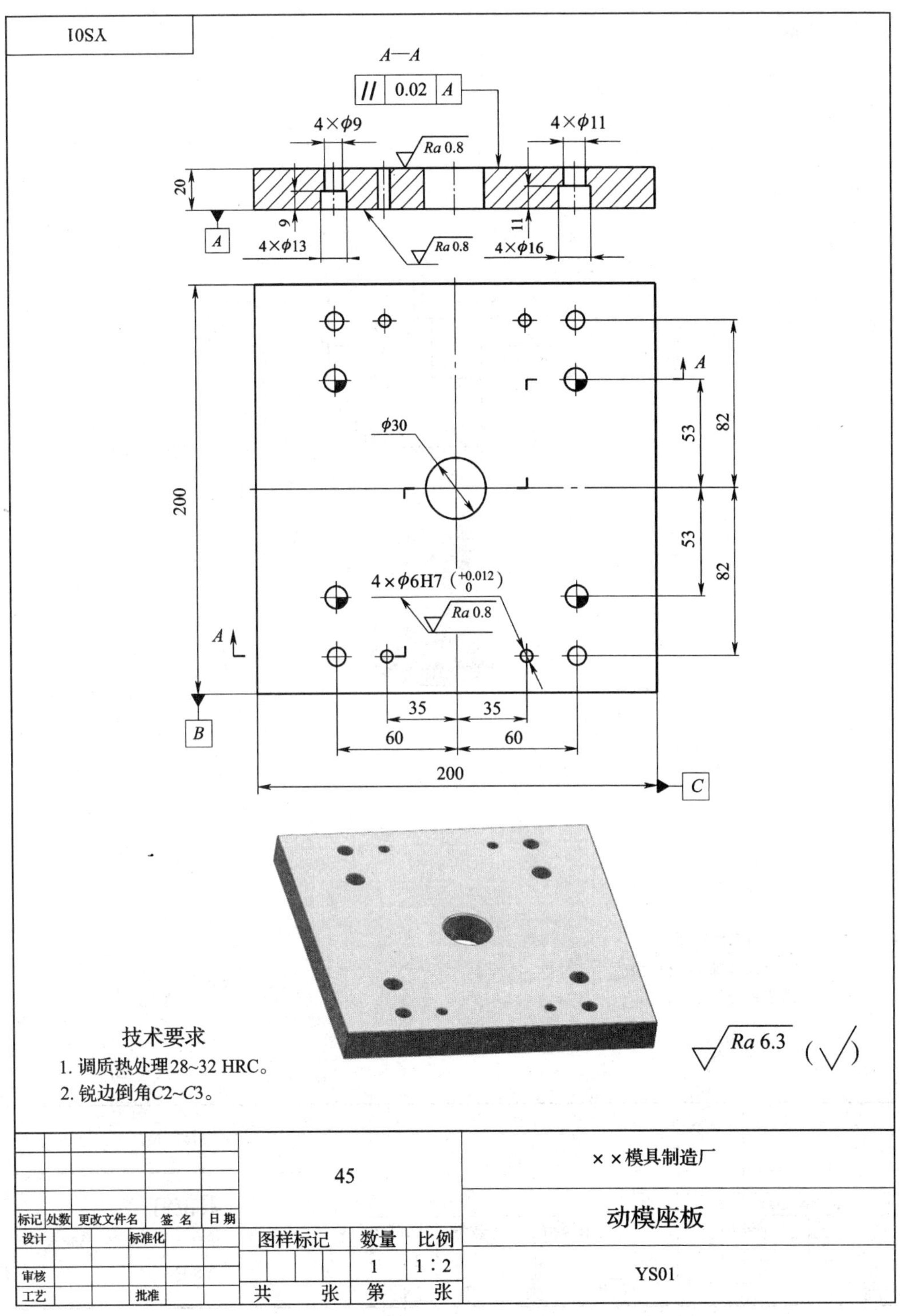

					45			××模具制造厂
标记	处数	更改文件名	签 名	日 期				动模座板
设计		标准化			图样标记	数量	比例	
						1	1∶2	YS01
审核								
工艺		批准			共 张	第 张		

图 2—1—11 动模座板

YS03

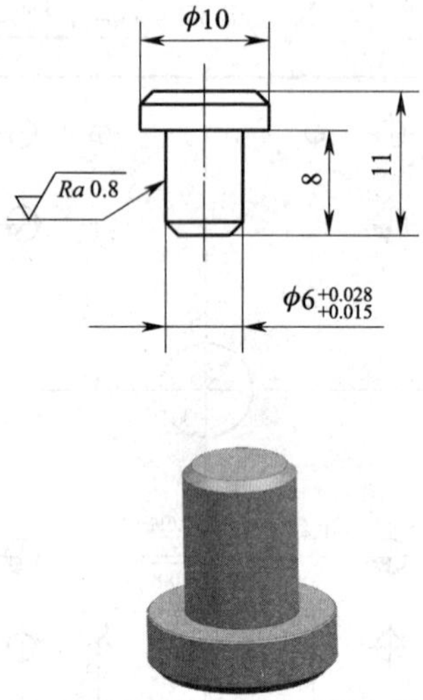

技术要求

1. 调质热处理 28~32 HRC。
2. 锐边倒角C1。

$\sqrt{Ra\ 6.3}$ ($\sqrt{}$)

标记	处数	更改文件名	签 名	日 期	45			××模具制造厂
设计		标准化			图样标记	数量	比例	限位钉
审核						4	2：1	YS03
工艺		批准			共 张	第	张	

图 2—1—12　限位钉

YS04
// 0.02 A
82
82
53
53
Ra 0.8
20
50
A
Ra 0.8
200
13
28
2×M8
2×φ11
技术要求
1. 两件垫块配磨等高。
2. 锐边倒角C2~C3。
Ra 6.3 (√)
45
××模具制造厂
标记 处数 更改文件名 签 名 日 期
设计 标准化
图样标记 数量 比例
2 1∶2
垫块
审核
工艺 批准
共 张 第 张
YS04

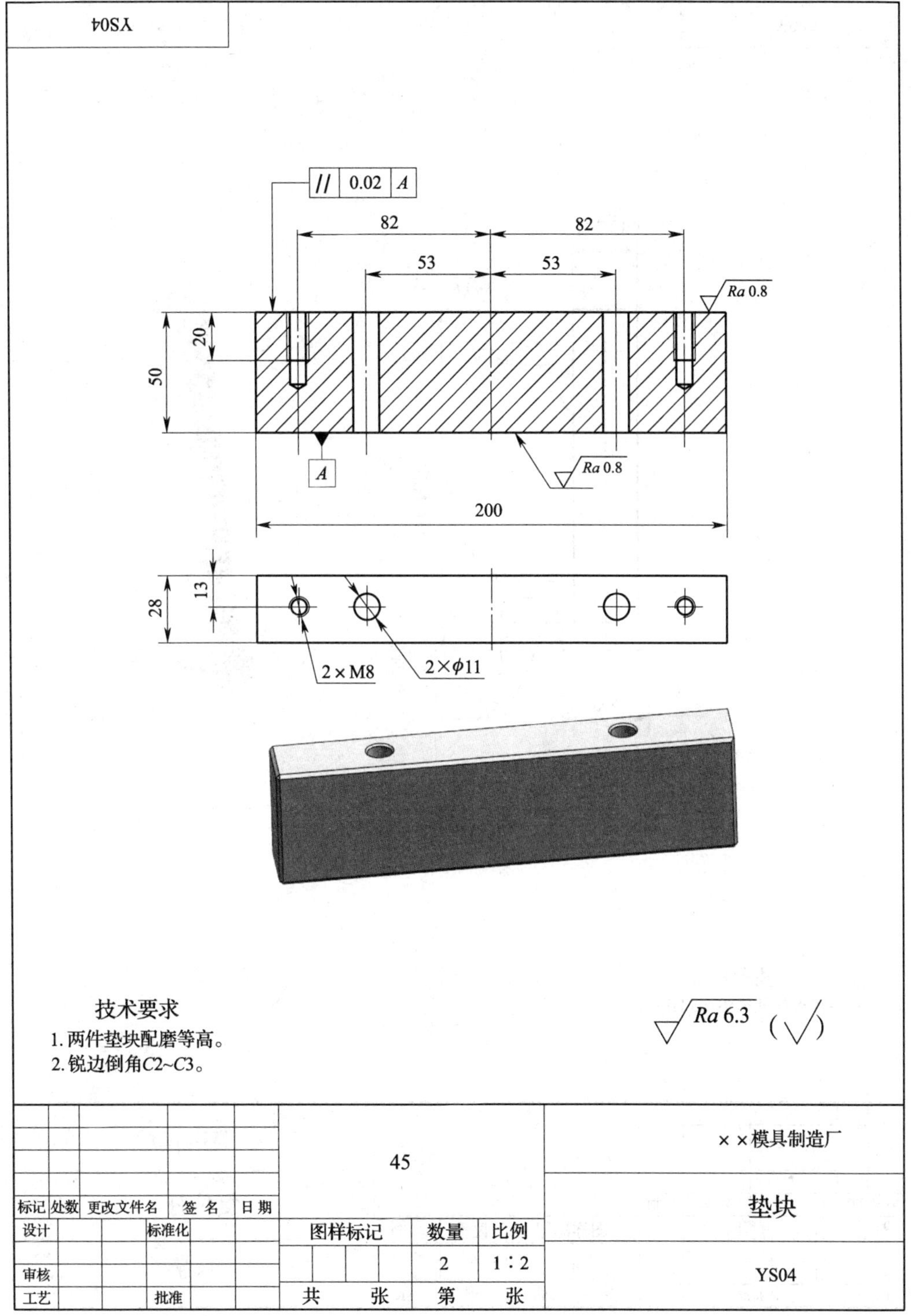

图 2—1—13 垫块

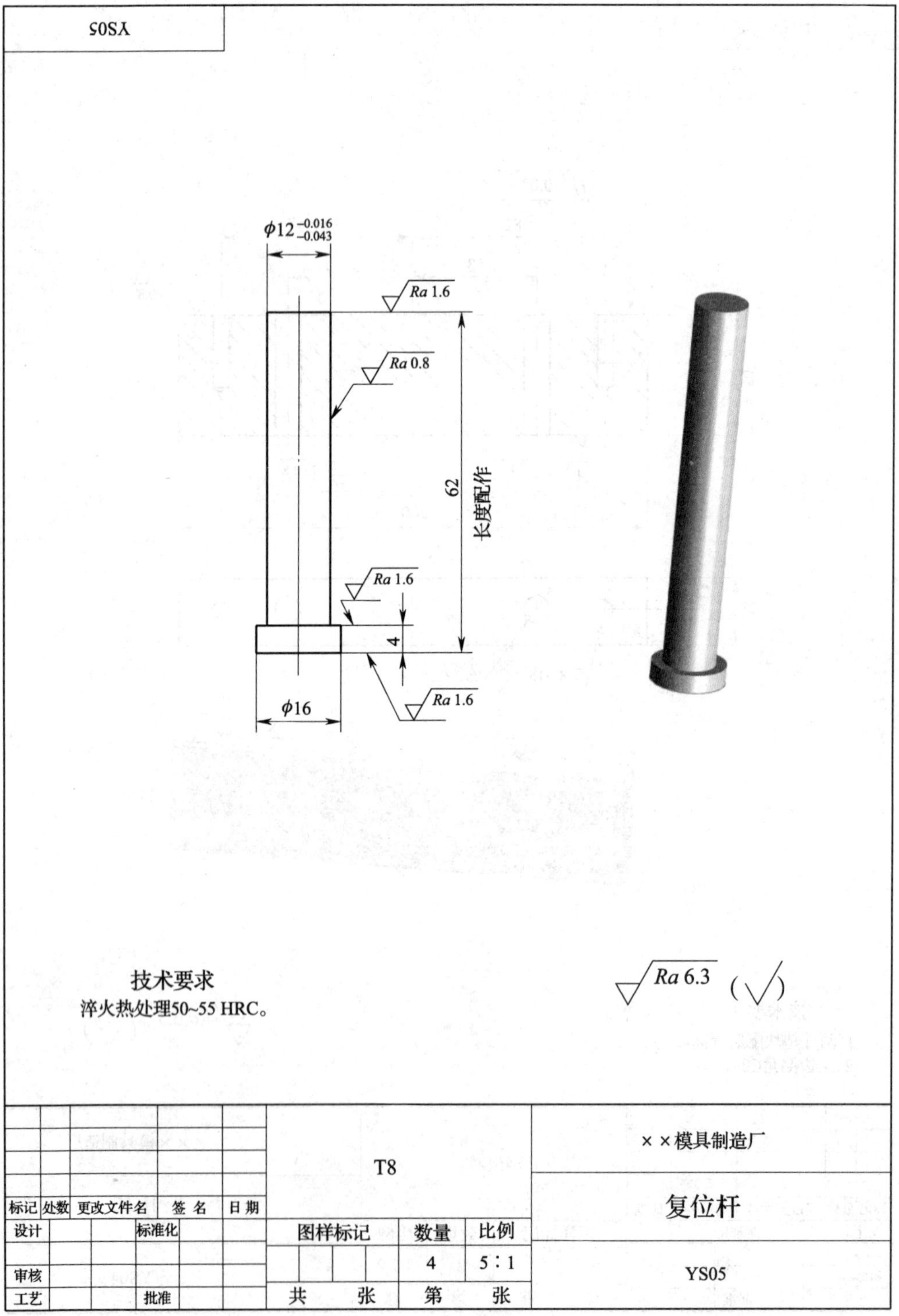

YS05

$\phi12^{-0.016}_{-0.043}$

Ra 1.6

Ra 0.8

62 长度配作

Ra 1.6

4

Ra 1.6

$\phi16$

技术要求

淬火热处理50~55 HRC。

Ra 6.3 (√)

					T8				××模具制造厂
标记	处数	更改文件名	签 名	日 期					复位杆
设计		标准化			图样标记		数量	比例	
							4	5∶1	YS05
审核									
工艺		批准			共	张	第	张	

图 2—1—14 复位杆

YS07
⊥ 0.015 A
$6_{-0.2}^{0}$
Ra 3.2
Ra 3.2
◎ φ0.01 A
R2
Ra 0.8
C1
10°
$\phi 21_{-0.2}^{0}$
$\phi 16_{+0.007}^{+0.018}$
$\phi 16_{-0.027}^{-0.016}$
B
B
R0.5
A
5
20
$40_{-2.2}^{-1.8}$
技术要求
1.渗碳淬火热处理56~60 HRC。
2.导柱滑动配合面允许开油槽。
3.允许保留两端中心孔。
4.参照GB/T 4169.4—2006。
Ra 6.3 (√)
标记 处数 更改文件名 签名 日期
设计 标准化
审核
工艺 批准
20Cr
图样标记 数量 比例
4 1∶1
共 张 第 张
××模具制造厂
导柱
YS07

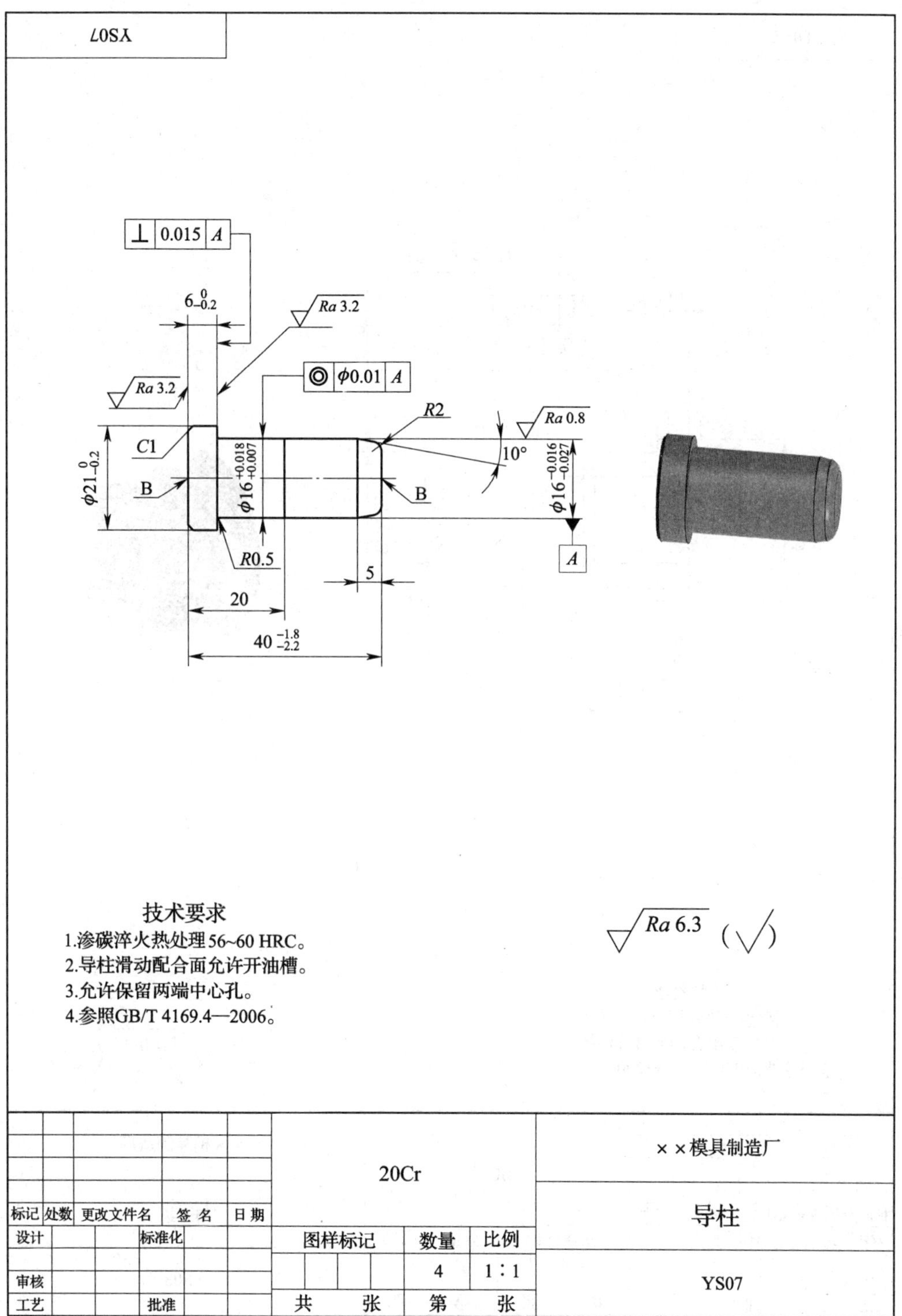

图 2—1—15 导柱

YS08

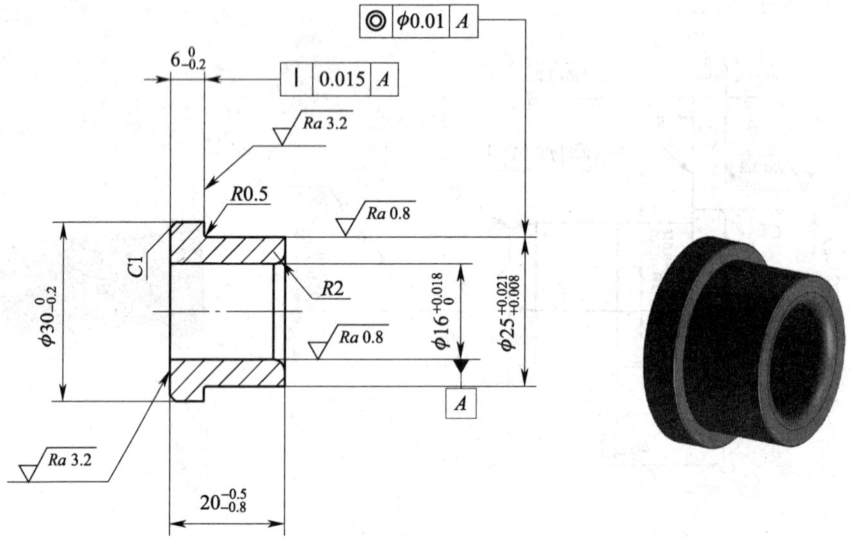

$\bigcirc\!\!\!\bigcirc$ | ϕ0.01 | A

$6^{\ 0}_{-0.2}$

⊥ | 0.015 | A

Ra 3.2

R0.5

Ra 0.8

C1

$\phi30^{\ 0}_{-0.2}$

R2

$\phi16^{+0.018}_{\ 0}$

$\phi25^{+0.021}_{+0.008}$

Ra 0.8

A

Ra 3.2

$20^{-0.5}_{-0.8}$

技术要求

1.渗碳淬火热处理56~60HRC。

2.导套滑动配合面允许开油槽。

3.参照GB/T 4169.3—2006。

Ra 6.3 (√)

					20Cr			××模具制造厂
标记	处数	更改文件名	签名	日期				导套
设计		标准化			图样标记	数量	比例	
审核						4	1∶1	YS08
工艺		批准			共　张	第　张		

图 2—1—16　导套

60SX
A—A
4×ϕ16
ϕ100+0.1 0
// 0.02 A
Ra 0.8
5
12
20
4×ϕ11
Ra 0.8
A
A
A
ϕ12+0.018 0
2×M6
53
53
70
200
60
60
B
C
200
技术要求
1.调质热处理28~32 HRC。
2.锐边倒角C2~C3。
Ra 6.3 (√)
标记 处数 更改文件名 签 名 日 期
设计 标准化
审核
工艺 批准
45
图样标记 数量 比例
1 1∶2
共 张 第 张
××模具制造厂
定模座板
YS09

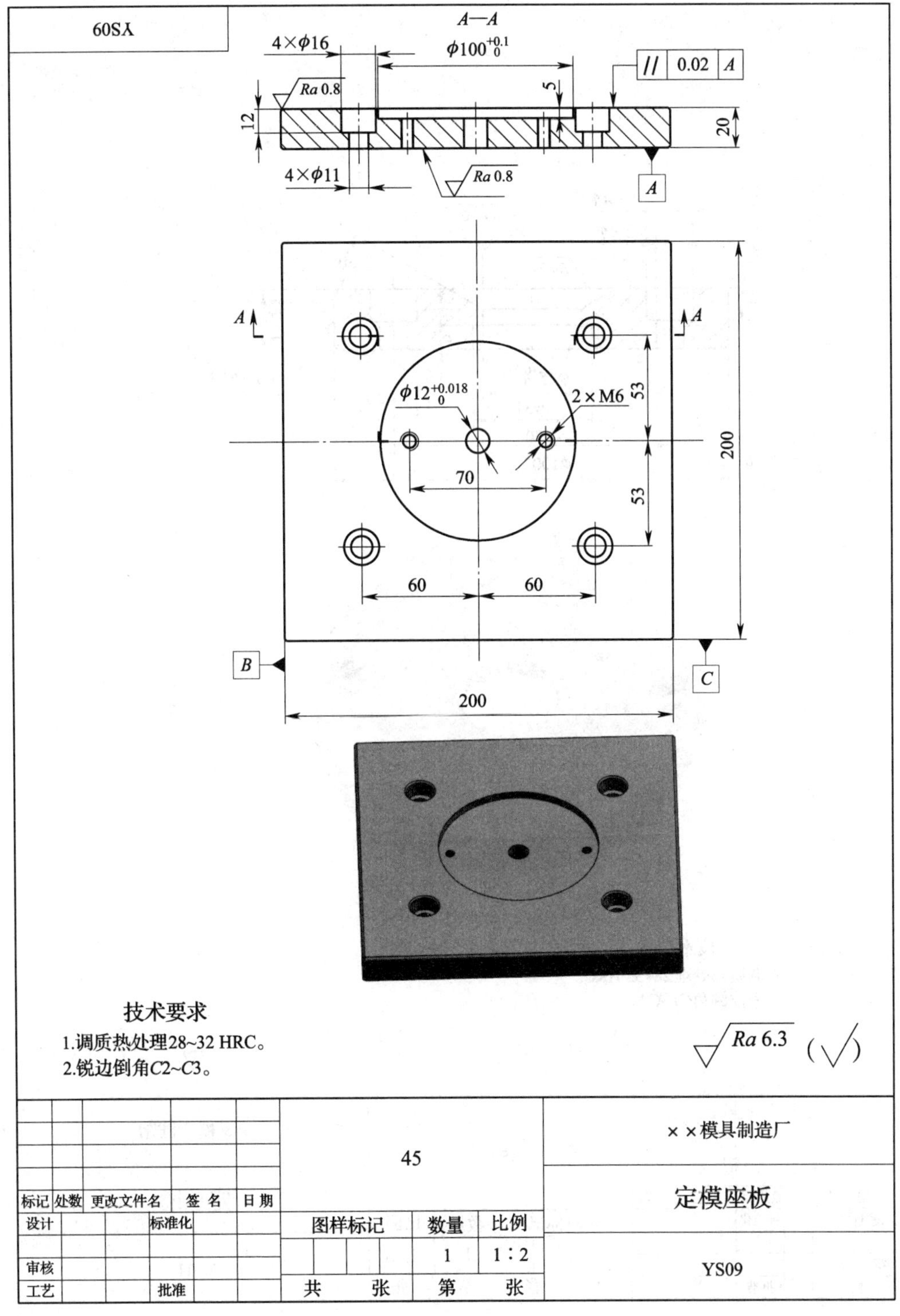

图 2—1—17 定模座板

YS11

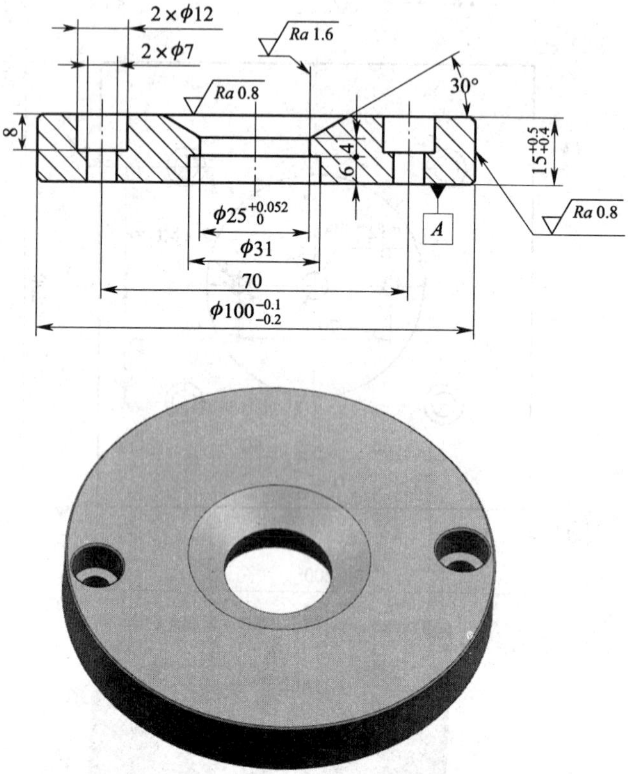

2×ϕ12

2×ϕ7

Ra 1.6

Ra 0.8

30°

8

4

6

$15^{+0.5}_{+0.4}$

Ra 0.8

$\phi25^{+0.052}_{0}$

A

ϕ31

70

$\phi100^{-0.1}_{-0.2}$

技术要求

1.调质热处理28~32 HRC。

2.未注倒角$C1$~$C2$。

Ra 6.3 （√）

标记	处数	更改文件名	签名	日期	45			××模具制造厂
设计		标准化			阶段标记	数量	比例	定位圈
审核						1	1∶1	YS11
工艺		批准			共 张	第 张		

图 2—1—18 定位圈

YS13

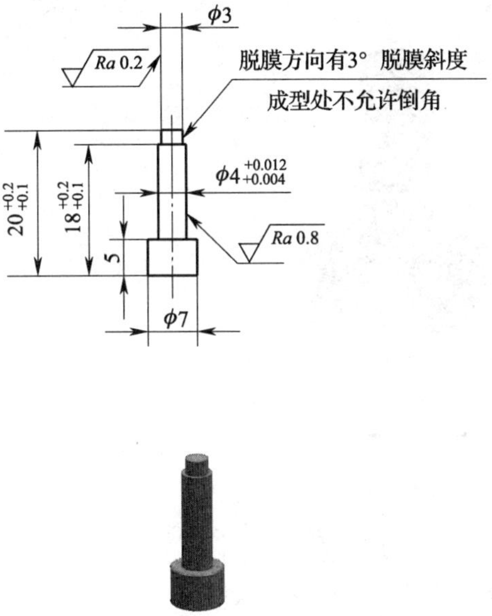

技术要求

1.调质热处理28~32 HRC。

2.成型处不允许倒角，其余锐边倒角$C1$。

Ra 6.3 (√)

					45			××模具制造厂
标记	处数	更改文件名	签 名	日 期				小型芯
设计		标准化			图样标记	数量	比例	
审核						2	1∶1	YS13
工艺		批准			共　张	第	张	

图 2—1—19　小型芯

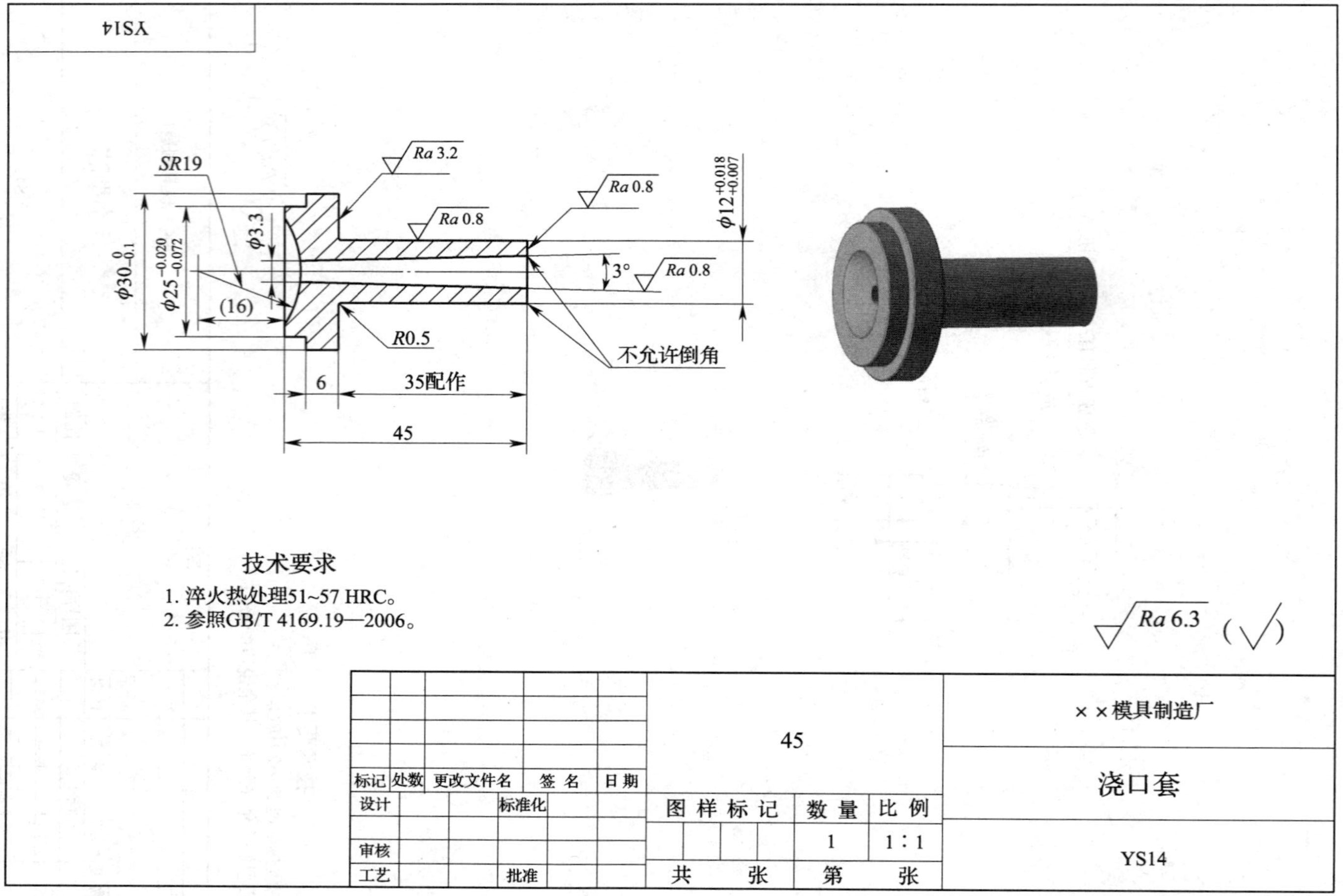

YS14

SR19

Ra 3.2

Ra 0.8

Ra 0.8

Ra 0.8

$\phi 30_{-0.1}^{\ 0}$

$\phi 25_{-0.072}^{-0.020}$

$\phi 3.3$

(16)

R0.5

3°

$\phi 12_{+0.007}^{+0.018}$

不允许倒角

6

35配作

45

技术要求

1. 淬火热处理51~57 HRC。
2. 参照GB/T 4169.19—2006。

Ra 6.3 (√)

					45				××模具制造厂
标记	处数	更改文件名	签 名	日 期					浇口套
设计		标准化			图 样 标 记		数 量	比 例	
							1	1∶1	YS14
审核									
工艺		批准			共	张	第	张	

图 2—1—20 浇口套

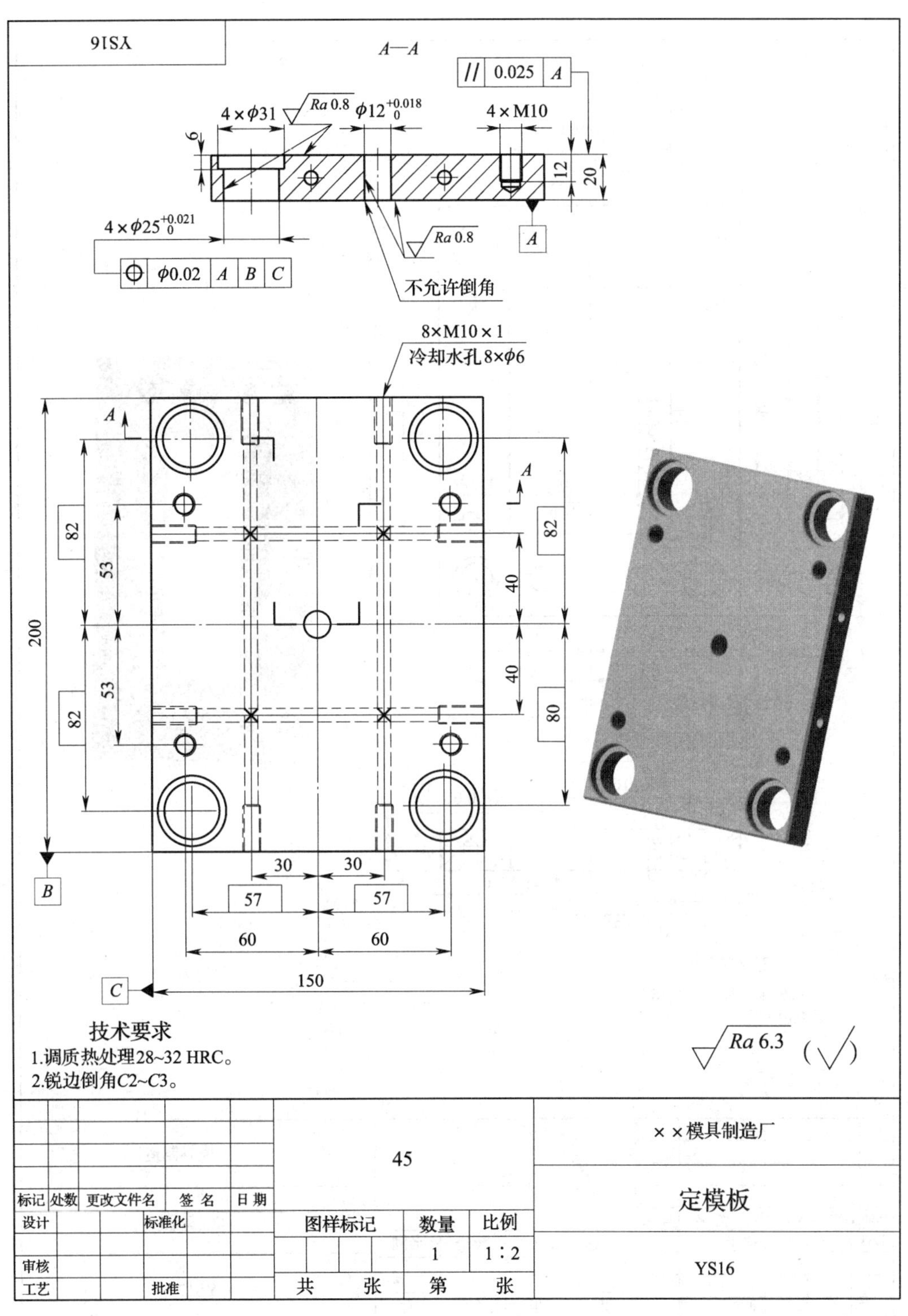

图 2—1—21 定模板零件图

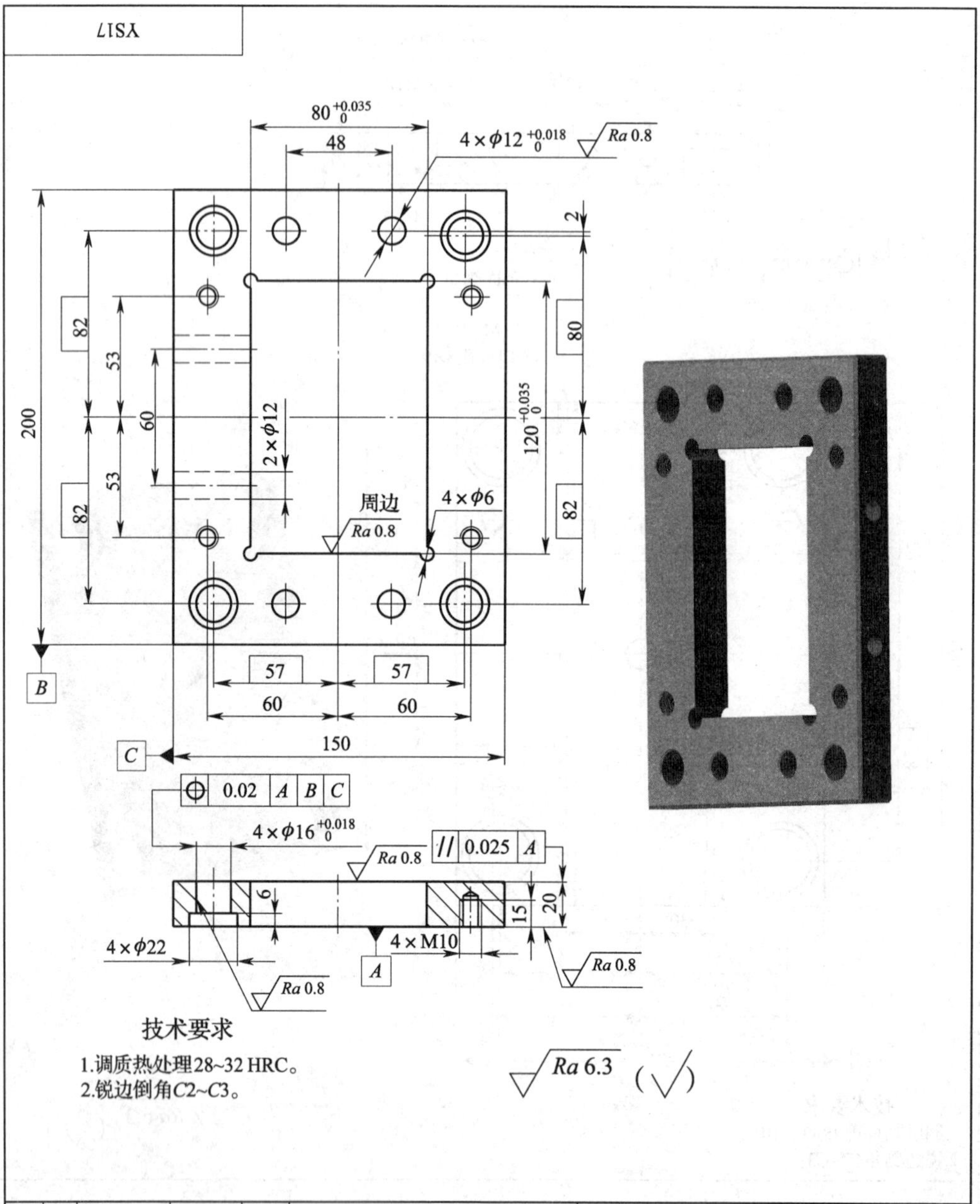

YS17

技术要求

1.调质热处理28~32 HRC。
2.锐边倒角$C2$~$C3$。

$\sqrt{Ra\ 6.3}$ ($\sqrt{}$)

					45			××模具制造厂
标记	处数	更改文件名	签名	日期				动模板
设计		标准化			图样标记	数量	比例	
						1	1∶2	YS17
审核								
工艺		批准			共 张	第	张	

图 2—1—22　动模板

YS19
A—A
// 0.015 A
4×φ11
Ra 0.8
Ra 0.8
30
4×φ7
Ra 0.8
A
4×φ13
4×φ11
A
42
82
84
53
16.92
8×φ4
φ7
29.5
29.5
6.55
53
82
200
8
10
24
24
60
60
150
B
C
技术要求
1.调质热处理28~32 HRC。
2.锐边倒角C2~C3。
Ra 6.3 (√)
标记 处数 更改文件名 签名 日期
设计 标准化
审核
工艺 批准
45
图样标记 数量 比例
1 1∶2
共 张 第 张
××模具制造厂
支承板
YS19

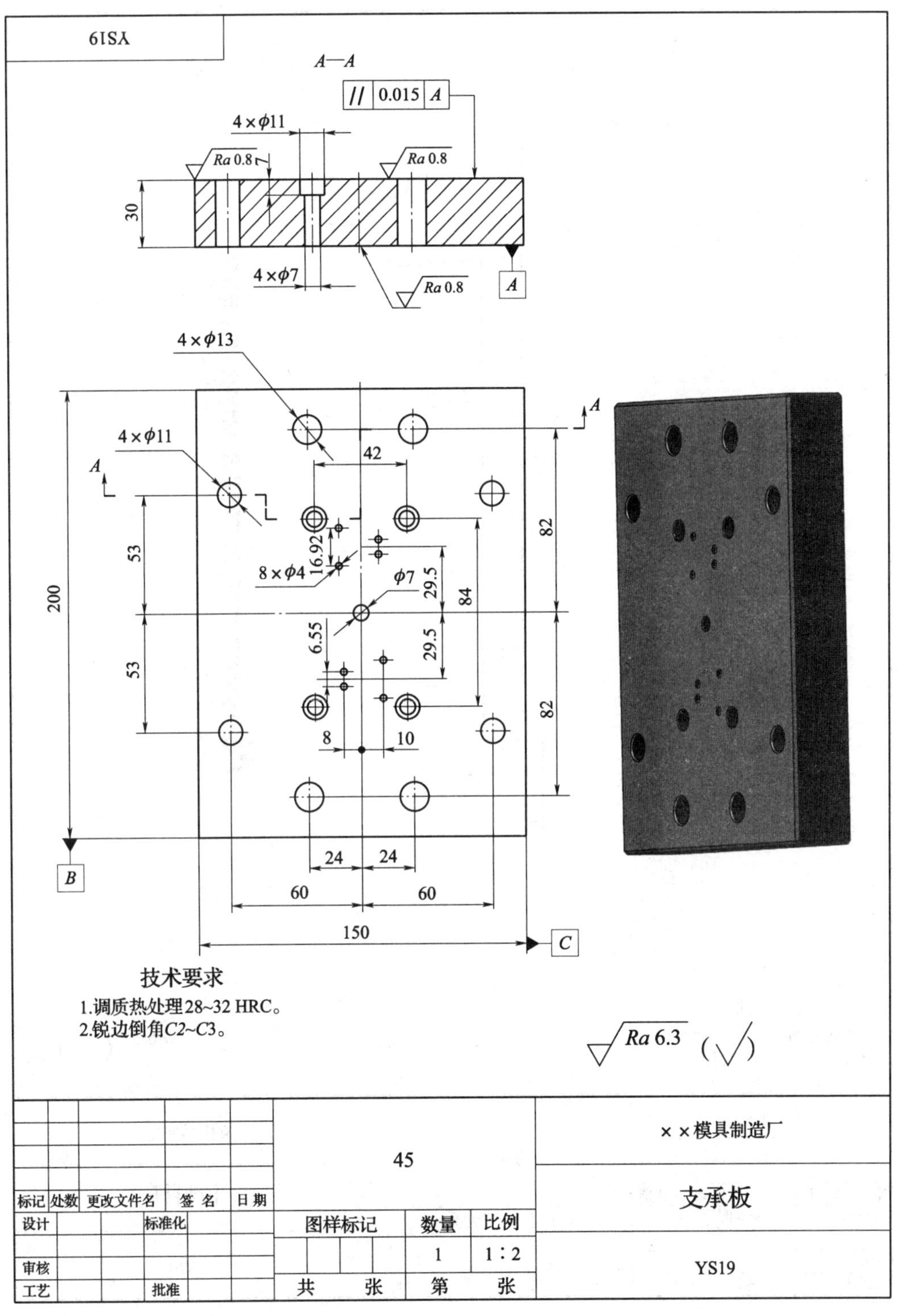

图 2—1—23 支承板

YS20

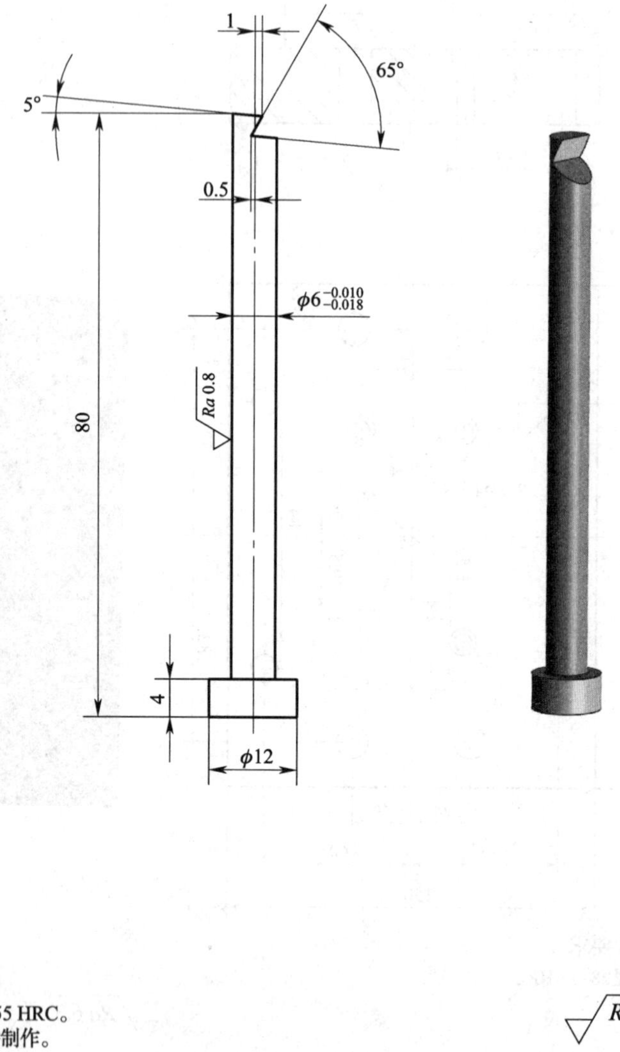

1
65°
5°
0.5
$\phi 6^{-0.010}_{-0.018}$
Ra 0.8
80
4
$\phi 12$

技术要求

1.淬火热处理50~55 HRC。
2.用$\phi 6$推杆标准件制作。

Ra 6.3 (√)

标记	处数	更改文件名	签 名	日 期	T8			××模具制造厂
设计			标准化		图样标记	数量	比例	拉料杆
审核						1	1∶1	YS20
工艺			批准		共 张	第 张		

图 2—1—24　拉料杆

YS22
B—B
4×M6
A
3
8×φ4
8×φ7
5
φ7
φ13
// 0.025 A
4
4×φ13
4×φ18
13
Ra 0.8
B
24
24
91
82
29.5
16.92
29.5
200
6.55
82
91
8
10
36
36
90
技术要求
1. 锐边倒角C2~C3。
2. 推杆固定孔深度与推杆凸台高度配作。
Ra 6.3 (√)
45
××模具制造厂
推杆固定板
标记 处数 更改文件名 签 名 日 期
设计 标准化
图样标记 数量 比例
1 1∶2
审核
工艺 批准
共 张 第 张
YS22

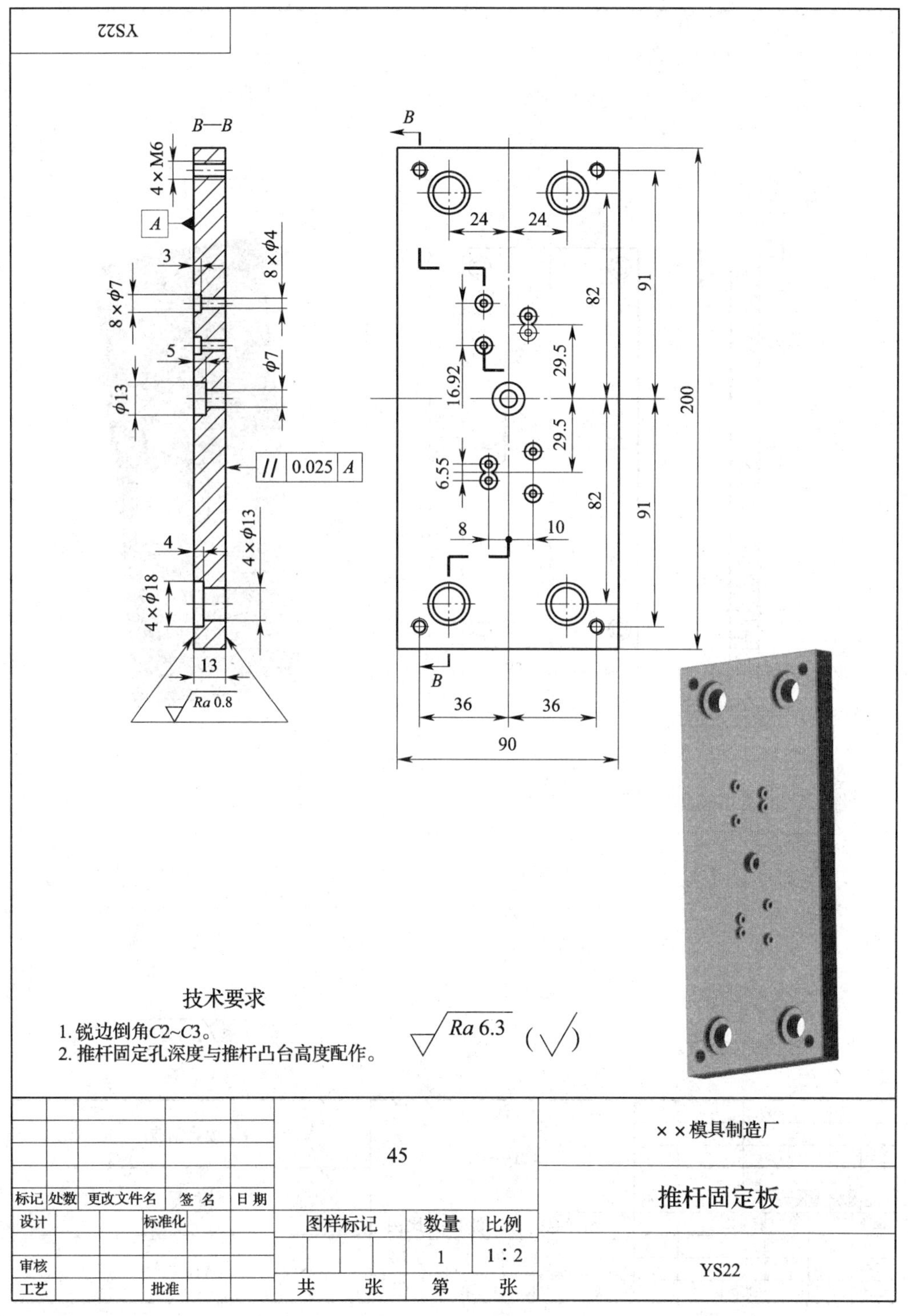

图 2—1—25 推杆固定板

YS24

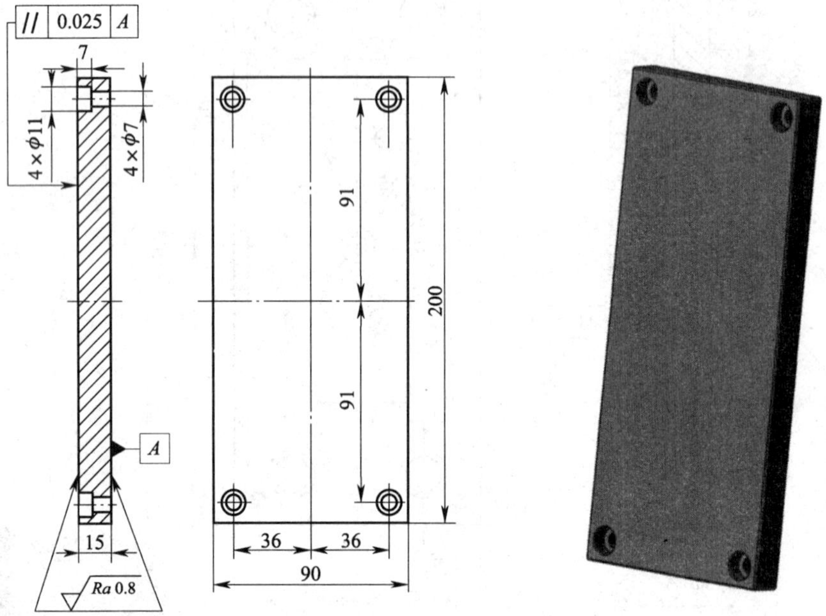

技术要求

锐边倒角C2~C3。

Ra 6.3 (√)

					45			××模具制造厂
标记	处数	更改文件名	签 名	日 期				推板
设计		标准化			图样标记	数量	比例	
审核						1	1∶2	YS24
工艺		批准			共 张	第 张		

图 2—1—26 推板

三、评价

钥匙挂件注塑模装配图、零件图识读评分标准见表 2—1—10。

表 2—1—10　　钥匙挂件注塑模装配图、零件图识读评分标准表

考核项目	考核内容及要求	配分	评分标准	检测结果	得分
识读装配图	能说出模具主要零件的配合关系（任意三组零件）	5×3	错一项，扣 5 分		
	能清晰、正确、完整地说出模具结构特征和工作原理	15	不清晰、不完整或有错误，酌情扣分		
	能清晰、正确、完整地说出模具装配的技术要求	15	不清晰、不完整或有错误，酌情扣分		
识读零件图	能说出模具零件名称及作用（任意三个零件）	5×3	错一项，扣 5 分		
	能说出零件图中标识的设计基准（任意三张零件图）	5×3	错一项，扣 5 分		
	能说出零件图中尺寸、几何公差、表面粗糙度符号所表示的含义（任意三张零件图）	5×3	错一项，扣 5 分		
	能说出工作零件的技术要求（任意两个零件）	5×2	错一项，扣 5 分		
总计		100			

任务二　注塑模具零件加工

工作任务

依据钥匙挂件注塑模的装配图和零件图，选用注塑模标准模架 AI1520A20B20C50，并按照装配图的明细表准备模具材料和标准件。识读该模具主要非标准件的加工工艺过程卡，并进行加工，达到图样要求。

相关知识

一、注塑模型腔和型芯的技术要求

注塑模型腔、型芯的作用是形成制件外形，要求尺寸精度高，表面粗糙度小，而且形状也比较复杂，因此型腔、型芯的加工是注塑模制造的难点。

1. 尺寸精度要求高

成型零件尺寸精度一般都要求在 IT8 ~ IT9，配合部分精度可达 IT7 ~ IT8，一些精密注塑模的型腔、型芯尺寸精度甚至可达 IT5 ~ IT6。因此，它们的加工较困难。

2. 表面粗糙度要求高

塑料制件的表面质量完全依赖于模具成型零件的表面粗糙度。随着塑料制件表面质量要求越来越高，一些型腔、型芯的表面粗糙度值一般要求为 $Ra0.1 \sim 0.2$ μm，有些有镜面要求的成型零件的表面粗糙度值甚至要求达到 $Ra0.05$ μm。

3. 几何精度要求高

注塑模型腔和型芯上的工作部分及固定部分在满足位置精度要求的同时，还要考虑同轴度要求，在零件加工工艺上要保证上述要求。

4. 有脱模斜度要求

注塑模型芯和型腔的成型部分都要有脱模斜度。

二、注塑模型腔和型芯的制造特点

型芯的加工属于外表面加工，相对比较简单。型腔的加工属于内表面的加工。型腔的形状大致可分为回转曲面和非回转曲面。回转曲面型腔的工艺过程比较简单；非回转曲面型腔的结构复杂，制造比较困难。

1. 数控、电加工设备使用比例加大

目前，除了研磨、抛光等工序采用手工加工外，型芯和型腔的加工大部分采用数控、电加工或通用设备。由于数控、电加工设备的加工精度高，可以大大提高生产效率，降低制造成本，因此它们在型腔和型芯加工中占据越来越大的比例。

2. 材料加工性能要求高

零件材料的选用对模具零件的寿命、精度、加工性能、成本等方面产生很大影响。根据制件、模具寿命的要求，型芯与型腔的材料常用的材料有 45、40Cr、3Cr2Mo 等，要求具有良好的抛光性、耐磨性、抗腐蚀性、可加工性。

3. 热处理提高使用寿命

在粗加工后，型芯和型腔一般要进行调质热处理（淬火 + 回火）。通过调质热处理，型芯和型腔可以具备良好的综合机械性能，也就是既保持表面硬度和耐磨性又具有足够的韧性和强度，从而大大提高其使用寿命。

三、注塑模成型零件（型腔、型芯）加工工艺

成型零件的制造过程一般分为毛坯准备、毛坯加工、零件加工、光整加工和装配前修整等过程。

1. 选择工序顺序的原则

加工顺序的选择原则是“先粗，后精；先主，后次；基面先行，先面后孔；先切

削，后特种（先切削加工后特种加工），辅以检验”。

零件的热处理加工分预先热处理和最终热处理。预先热处理一般安排在粗加工前后，其目的是改善切削加工性能，消除粗加工后产生的材料内应力；最终热处理常安排在精加工前后，其目的是提高零件材料的硬度、耐磨性和保持强度与韧性。

2. 典型工艺路线

根据成型零件的要求和特点，成型零件的加工工艺过程和工序的安排通常有四种情况可供选择。

（1）工艺路线：备料（锻件）→热处理（退火）→粗加工→热处理（退火）→半精加工→热处理（淬火与回火）→精加工→光整加工→表面处理（渗氮、镀铬、镀钛等）→装配前修整。

工艺特点：成型零件的尺寸精度要求较高，钢材全淬硬。

（2）工艺路线：备料（锻件）→热处理（退火）→粗加工→热处理（退火）→半精加工→热处理（调质）→精加工→光整加工→表面处理（火焰淬火、渗氮、镀铬、镀钛）→装配前修整。

工艺特点：成型零件尺寸精度有一定的要求，但钢材硬度要求不高。

（3）工艺路线：备料（锻件）→热处理（正火）→粗加工→热处理（退火）→半精加工→表面处理（渗碳）→热处理（淬火与回火）→光整加工→表面处理（镀铬等）→装配前修整。

工艺特点：成型零件的尺寸精度要求不高，但要求钢材全淬硬。

（4）工艺路线：备料（锻件）→热处理（正火或退火）→粗加工→半精加工→冷挤压→成型加工→热处理（调质）→表面处理（渗碳或碳氮共渗）→光整加工→表面处理（镀铬等）→装配前修整。

工艺特点：成型零件的尺寸精度和钢材硬度要求都不高。

不同的成型零件应根据零件不同的技术要求、加工工艺性、经济成本和现有设备等因素正确选择加工工艺过程。

四、注塑模型腔的加工方法

回转曲面型腔一般采用车削、内圆磨削或坐标磨削等加工方法制造。非回转曲面型腔的加工方法主要有以下几种：

1. 普通机械加工方法

这种方法一般使用通用机床切削及钳加工，即通用机床切除毛坯的大部分余量，钳加工去除精加工余量，并对型腔表面进行修整。通用机床可以加工形状简单的型腔，如圆形、方形型腔。这种方法劳动强度大，生产效率低，不易保证零件质量。在型腔制造过程中，应尽可能减少钳工的工作量。

2. 数控加工方法

这种方法主要使用数控机床进行加工，或辅助以模具计算机辅助设计与制造（模具CAD/CAM）技术。数控铣床自动化程度较高，可以加工形状较复杂的型腔，加工完毕一般需要钳加工修整狭窄的沟槽及数控铣削留下的刀痕、凹角等。这种方法可以优化型腔的结构参数和加工工艺，缩短生产准备时间，加快型腔的加工速度，提高零件质量，延长其使用寿命。

3. 电火花加工方法

这种方法主要使用电火花加工专用设备进行加工。电火花线切割加工适合于加工镶拼结构的型腔。电火花成型加工可以加工切削困难的小孔、窄缝或带有文字花纹的部位。电火花加工后，还需要对型腔表面进行抛光，以保证表面质量达到零件的技术要求。这种方法的加工精度高，但是生产准备时间较长，工艺控制复杂。

4. 冷挤压加工方法

冷挤压方法在型腔的制造中得到广泛应用。冷挤压方法具体见表2—2—1。

表2—2—1　　冷挤压方法及特点

冷挤压方式	开式	闭式
图示	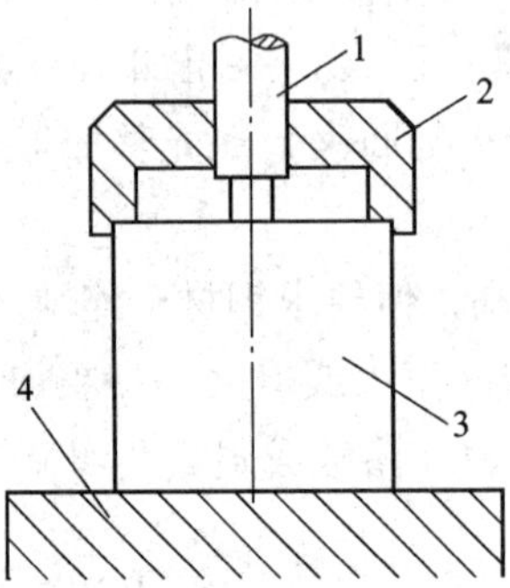 1—冲头　2—导套 3—毛坯　4—压力机工作台	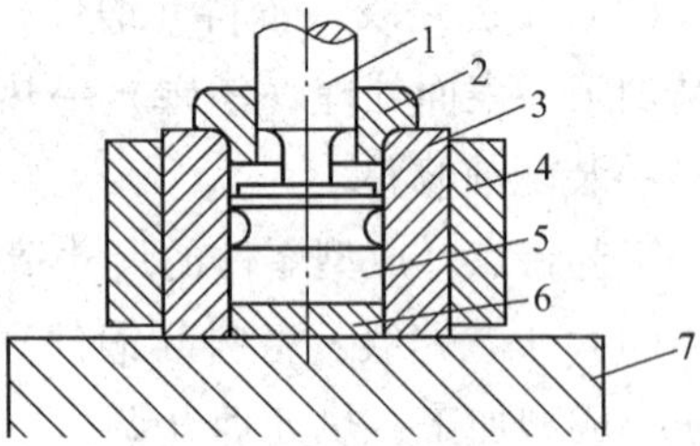 1—冲头　2—导套 3—型腔　4—加强圈　5—毛坯 6—垫块　7—压力机工作台
说明	是将模具毛坯置于冲头下面加压。在冲头的作用下，坯料金属向四周自由流动，冲头压入毛坯形成型腔	是将毛坯放入型腔内进行挤压加工。由于受型腔壁的限制，坯料金属在冲头的作用下被迫与冲头紧密贴合
特点	方法较简单，但是毛坯表面出现内陷，挤压后需要机加工	型腔轮廓清晰，提高了型腔的成型精度，但也造成挤压力增大
适用	精度要求不高的浅型腔	精度要求较高、深度较大的型腔

另外，成型零件还可以采用精密铸造的方法加工。

五、型腔的抛光方法

模具型腔经机械加工后表面会留下刀痕，经电火花加工后表面会留下硬化层。型腔表面的刀痕或硬化层需要通过抛光去除。抛光加工的质量不仅影响模具的使用寿命，而且影响制件的表面光泽、尺寸精度。

目前，抛光加工大多数靠钳工完成，如使用砂纸、砂布、锉刀和油石，或用电动软轴磨头等工具。手工操作效率低、费时。随着现代技术的发展，电解、超声波加工等技术在型腔抛光中得到了广泛应用。

1. 手工抛光轮抛光法

这种方法通常以抛光轮作为抛光工具。抛光轮一般用多层帆布、毛毡或皮革叠制而成，两侧用金属圆板夹紧，其轮缘涂敷由微粉磨料和油脂等均匀混合而成的抛光剂。抛光时，高速旋转的抛光轮压向工件，使磨料对工件表面产生滚压和微量切削，从而获得光亮的加工表面，表面粗糙度值一般为 *Ra*0. 01 ~ 0. 63 μm；当采用非油脂性的消光抛光剂时，可对光亮表面消光，以改善外观。

2. 电解抛光法

电解抛光法是通过阳极溶解作用对型腔进行抛光的一种表面加工方法。图 2—2—1 所示为电解抛光原理图。电解加工时，工件为阳极，修磨工具为阴极，电解液从两极之间通过，两极由一个低压直流或脉冲电源供电。修磨工具与工件表面接触并进行锉磨，在电解液和电流作用下工件表面生成很薄的氧化膜，这层氧化膜被移动着的工具磨粒所刮除，使工件表面露出新的金属表面，并继续被电解。这样，电解作用和刮除作用交替进行，达到抛光型腔表面的目的。抛光速度为 0. 5 ~ 2 cm^2/min。抛光后的工件应立即用热水冲洗。模具型腔经电解修磨抛光后，再用油石及砂纸手工抛光，其表面粗糙度值能达到 *Ra*0. 4 μm 以下。电解装置结构简单，操作方便，电解液无毒，工作电压低，便于推广。

图 2—2—2 所示为电解抛光机，电解修磨装置由工作液循环系统、加工系统和修磨工具组成。电解液一般由每升水中溶入 150 g $NaNO_3$、50 g $NaClO_3$ 制成。

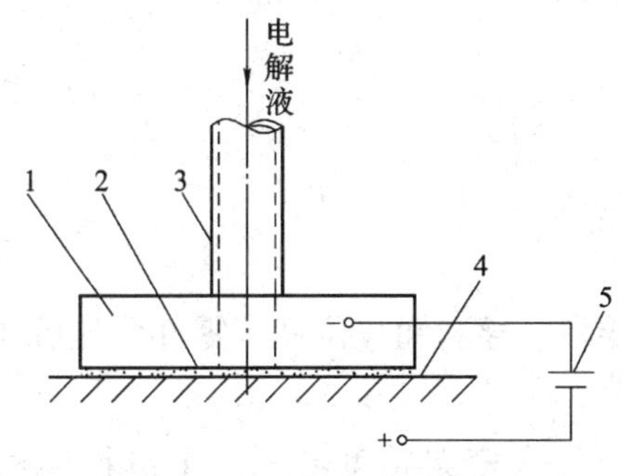

图 2—2—1 电解抛光原理图

1—抛光工具（阴极） 2—磨料 3—电解液管

4—工件（阳极） 5—电源

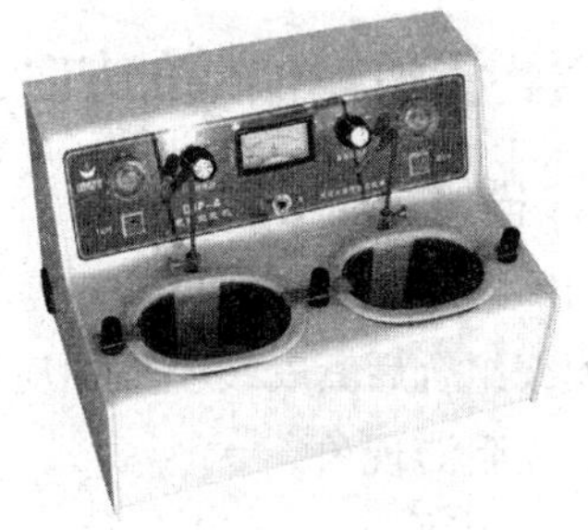

图 2—2—2 电解抛光机

3. 超声波抛光

超声波抛光是超声波加工的一种特殊应用，它对工件进行抛光，降低工件的表面粗糙度值，甚至可将工件表面抛光到近似镜面的程度。图 2—2—3 所示为超声波抛光原理示意图。超声波抛光时，超声波发生器将 220 V、50 Hz 的交流电转变为一定功率的、频率为 20 kHz ~ 100 MHz 的超声频电振荡，以提供工具振动的能量。超声波换能器将输入的超声频电振荡转换成机械振动，由变幅杆将机械振动放大，再传至固定在变幅杆端部的抛光工具上，使工具产生超声频振动，从而对工件进行抛光。图 2—2—4 所示为超声波抛光机。

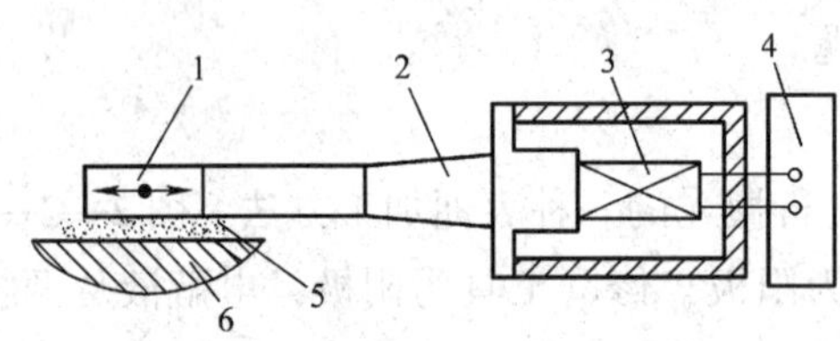

图 2—2—3　超声波抛光原理示意图
1—抛光工具　2—变幅杆　3—超声波换能器
4—超声波发生器　5—磨料悬浮液　6—工件

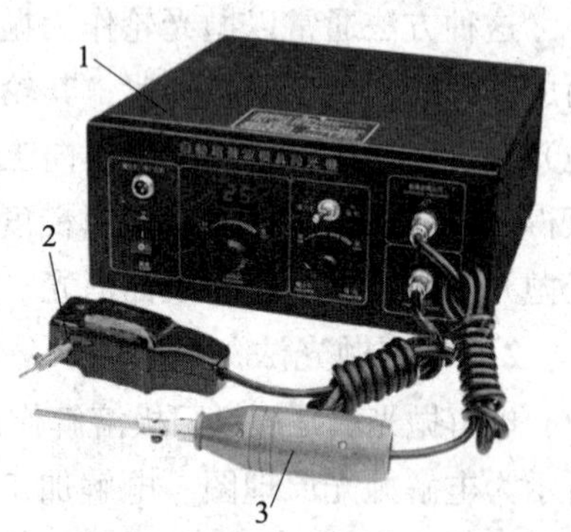

图 2—2—4　超声波抛光机
1—超声波发生器　2—脚开关　3—手工具

粗抛光时，工作液为水；精细抛光时，工作液为煤油。磨料可以是金刚石、刚玉、碳化硅、烧结刚玉、油石等。抛光工具的形状有圆形、扁形、三角形、半圆形、锥形、针形等，能抛光模具的各种型腔，尤其适用于窄槽、圆弧、深槽等的抛光。抛光时，抛光工具上的磨料以每秒两万次以上的频率进行振动，即进行高速微细切削，切削次数多，金属切除量大，因而抛光效率高。此外，抛光工具振幅小，仅为 0.01 ~ 0.025 mm，可以对工件进行微量尺寸加工，抛光精度高。

六、注塑模模架的加工

1. 模架的加工

（1）模架的技术要求

模架组合后其安装基准面应保持平行，导柱、导套和复位杆等零件装配后要运动灵活、无阻滞现象。

模具主要分型面闭合时的贴合间隙值应符合模架精度要求：Ⅰ级精度模架为 0.02 mm；Ⅱ级精度模架为 0.03 mm；Ⅲ级精度模架为 0.04 mm。

（2）模架零件的加工

模架的基本组成零件有导柱、导套和各种模板。导柱、导套的加工主要是内、外圆柱面加工，与冷冲压模具模架的导柱、导套的加工类似。

各种模板主要是平面加工和孔系加工。模板进行平面加工时，应特别注意防止变形，保证与装配有关表面的平面度、平行度和垂直度要求。

动、定模板上导柱、导套的安装孔精度要求较高时，可采用坐标镗床、双轴镗床或数控坐标镗床进行加工；孔精度要求较低且无上述设备时，也可在卧式镗床或铣床上，将动、定模板重叠在一起，一次装夹，同时镗出导柱、导套的安装孔。

2. 其他结构零件的加工

(1) 浇口套的加工

浇口套一般采用碳素工具钢 T8A 制造，局部热处理，硬度为 57 HRC 左右。浇口套的锥孔小，其小端直径一般为 $\phi3\sim\phi8$ mm，加工较困难。同时还应保证浇口套锥孔与外圆柱面同轴，以便在模具安装时使浇口套与注射成型机的喷嘴对准。

(2) 侧型芯滑块的加工

当注射成型带有侧凹或侧孔的塑料制件时，模具必须带有侧向分型或侧向抽芯机构。侧型芯滑块的材料常采用 45 钢或碳素工具钢，导滑部分可以局部或全部淬硬，硬度为 40 ~ 45 HRC。

任务实施

一、识读钥匙挂件注塑模零件加工工艺过程卡

钥匙挂件注塑模采用标准模架，垫块 4、复位杆 5、导柱 7、导套 8、推板 24 等包含在标准模架中，不需要单独加工，并且在《模具零件机械加工技术》教材中导柱、导套作为模具典型零件已经详细介绍了加工工艺及操作，这里不再重复。钥匙挂件注塑模中重要的非标准件的加工工艺路线，体现在它们的加工工艺过程卡中，具体见表 2—2—2 ~ 表 2—2—9。剩余的非标准件（小型芯 13 等）结构及工艺比较简单，可以根据所学自行制定，本任务略。钥匙挂件注塑模的限位钉 3、浇口套 14 可以根据相应的零件图选用标准件。

1. 识读动模座板的加工工艺过程卡（表 2—2—2）。动模座板的毛坯来自于标准模架零件（$4\times\phi9$、$4\times\phi13$、$4\times\phi11$、$4\times\phi16$ mm 孔为零件自带或后续补充加工配作）。

表 2—2—2　动模座板的加工工艺过程卡

<table>
<tr><td colspan="3" rowspan="2">钥匙挂件注塑模
零件加工工艺过程卡</td><td>材料</td><td colspan="2">45</td><td>图号</td><td colspan="3">YS01</td></tr>
<tr><td>产品数量</td><td colspan="2">1</td><td>零件名称</td><td>动模座板</td><td>共 页</td><td>第 页</td></tr>
<tr><td rowspan="2">工序号</td><td rowspan="2">工序名称</td><td rowspan="2" colspan="2">工序内容</td><td rowspan="2">车间</td><td rowspan="2">工段</td><td rowspan="2">设备</td><td rowspan="2">工艺装备</td><td colspan="2">工时</td></tr>
<tr><td>准终</td><td>单件</td></tr>
<tr><td>10</td><td>钳加工</td><td colspan="2">模板零件划线</td><td></td><td></td><td></td><td>高度尺
划线平台</td><td></td><td></td></tr>
</table>

续表

工序号	工序名称	工序内容	车间	工段	设备	工艺装备	工时	
							准终	单件
20	镗削	镗 ϕ30 mm 孔			X6325 型万能摇臂铣床	ϕ5 mm 钻头 ϕ20 mm 镗刀		
30	钻、铰削	钻、铰 4 × ϕ6H7 孔			X6325 型万能摇臂铣床	ϕ5.8 mm 钻头 ϕ6 H7 铰刀		
40	钻削	孔口倒角 $C1\sim C2$ mm			X6325 型万能摇臂铣床			
50	检验							

									设计（日期）	审核（日期）	标准化（日期）	会签（日期）
标记	处数	更改文件号	签字	日期	标记	处数	更改文件号	签字	日期			

2. 识读定模座板的加工工艺过程卡（表 2—2—3）。定模座板的毛坯来自于标准模架零件（4 × ϕ11、4 × ϕ16 mm 孔为零件自带或后续补充加工配作）。

表 2—2—3　　定模座板的加工工艺过程卡

钥匙挂件注塑模零件加工工艺过程卡		材料	45		图号	YS09		
		产品数量	1		零件名称	定模座板	共　页	第　页
工序号	工序名称	工序内容	车间	工段	设备	工艺装备	工时	
							准终	单件
10	钳加工	模板零件划线				高度尺 划线台		
20	钻、铰削	校正中心，钻、铰 $\phi12^{+0.018}_{0}$ mm			X6325 型万能摇臂铣床	ϕ11.8 mm 钻头 ϕ12H8 铰刀		
30	镗削	铣、镗 $\phi100^{+0.1}_{0}$ mm，深度为 5 mm			X6325 型万能摇臂铣床			
40	钻削	钻 2 × M6 的 ϕ5.1 mm 底孔			X6325 型万能摇臂铣床	ϕ5.1 mm 钻头		
		孔口倒角 C1 mm			X6325 型万能摇臂铣床			

续表

工序号	工序名称	工序内容	车间	工段	设备	工艺装备	工时	
							准终	单件
50	钳加工	攻螺纹 2×M6				M6 丝锥		
60	检验							

										设计（日期）	审核（日期）	标准化（日期）	会签（日期）
标记	处数	更改文件号	签字	日期	标记	处数	更改文件号	签字	日期				

3．型腔镶件的加工工艺过程卡（表2—2—4）。

表2—2—4　　型腔镶件的加工工艺过程卡

钥匙挂件注塑模 零件加工工艺过程卡	材料	45		图号	YS10		
	产品数量	1		零件名称	型腔镶件	共　页	第　页

工序号	工序名称	工序内容	车间	工段	设备	工艺装备	工时	
							准终	单件
10	锻造	备料，将毛坯锻成平行六面体（28 mm×88 mm×128 mm）						
20	热处理	退火热处理						
30	粗铣	粗铣六面，尺寸为23 mm×83 mm×123 mm			X6325型万能摇臂铣床			
40	热处理	调质热处理28～32 HRC						
50	精铣	精铣六面至$20^{+0.5}_{+0.3}$ mm×$80^{+0.5}_{+0.3}$ mm×$120^{+0.5}_{+0.3}$ mm			X6325型万能摇臂铣床	机用平口钳		
60	磨削	磨削至$20^{+0.2}_{+0.1}$ mm×$80^{+0.030}_{+0.011}$ mm×$120^{+0.035}_{+0.013}$ mm，与动模板过渡配合			M7130型平面磨床	精密平口钳		
70	钳加工	划线						
80	电火花成型加工	粗加工型腔，深度为$1.8^{+0.2}_{+0.1}$ mm（两处）			DK7130型电火花成型机床	粗加工电极		
		精加工型腔，深度为$2^{+0.10}_{0}$ mm（两处）				精加工电极		

续表

工序号	工序名称	工序内容	车间	工段	设备	工艺装备	工时	
							准终	单件
90	钻削	钻 4×M6 螺纹底孔			Z3040 型摇臂钻床	ϕ5 mm 钻头		
		钻 ϕ6 mm×80 mm 冷却水孔（四处） 钻 ϕ6 mm×120 mm 冷却水孔（两处） 钻 ϕ6 mm×10 mm 冷却水孔（两处），距离中心线 29.5 mm				ϕ6 mm 钻头 ϕ6 mm 加长钻头		
		钻冷却水道孔口 M10×1 螺纹底孔（14 处）				ϕ9 mm 钻头		
100	铣削	钻、铰 $\phi6^{+0.012}_{0}$ mm 孔，流道处不允许倒角			X6325 型万能摇臂铣床	ϕ5.8 mm 钻头 ϕ6H7 铰刀		
		流道 R3 mm×34 mm，深 3 mm				ϕ6 mm 球头铣刀		
		浇口 2 mm×0.3 mm（两处）						
110	钳加工	攻 4×M6 螺纹				M6 丝锥		
		攻 M10×1 螺纹（14 处）				M10×1 丝锥		
		抛光流道，表面粗糙度值达 Ra1.6 μm				油石 抛光工具		
		抛光型腔，表面粗糙度值达 Ra0.2 μm				油石 研磨膏 及抛光工具		
120	钻、铰削	钻、铰 2×ϕ4 mm 小型芯安装孔，型腔处不允许倒角			X6325 型万能摇臂铣床			
		钻、铰 8×ϕ3 mm 顶杆孔，型腔处不允许倒角						
130	磨削	配磨分型面 0.05 mm			M7130 型平面磨床			
140	检验							

										设计（日期）	审核（日期）	标准化（日期）	会签（日期）
标记	处数	更改文件号	签字	日期	标记	处数	更改文件号	签字	日期				

4. 识读定位圈的加工工艺过程卡（表2—2—5）。

表2—2—5　　定位圈的加工工艺过程卡

<table>
<tr><td colspan="3" rowspan="2">钥匙挂件注塑模
零件加工工艺过程卡</td><td>材料</td><td>45</td><td>图号</td><td colspan="3">YS11</td></tr>
<tr><td>产品数量</td><td>1</td><td>零件名称</td><td>定位圈</td><td>共　页</td><td>第　页</td></tr>
<tr><td rowspan="2">工序号</td><td rowspan="2">工序名称</td><td rowspan="2">工序内容</td><td rowspan="2">车间</td><td rowspan="2">工段</td><td rowspan="2">设备</td><td rowspan="2">工艺装备</td><td colspan="2">工时</td></tr>
<tr><td>准终</td><td>单件</td></tr>
<tr><td>10</td><td>下料</td><td>$\phi105$ mm×20 mm</td><td></td><td></td><td>锯床</td><td></td><td></td><td></td></tr>
<tr><td>20</td><td>热处理</td><td>调质热处理28～32 HRC</td><td></td><td></td><td></td><td>高度尺
划线台</td><td></td><td></td></tr>
<tr><td>30</td><td>车削</td><td>车平端面</td><td></td><td></td><td>CA6136型
普通车床</td><td>三爪自定心卡盘</td><td></td><td></td></tr>
<tr><td></td><td></td><td>车$\phi100^{-0.1}_{-0.2}$ mm外圆至尺寸</td><td></td><td></td><td></td><td></td><td></td><td></td></tr>
<tr><td></td><td></td><td>车$\phi25^{+0.052}_{0}$ mm孔</td><td></td><td></td><td></td><td></td><td></td><td></td></tr>
<tr><td></td><td></td><td>车$\phi31$ mm台阶孔至尺寸，深度为$6^{+0.3}_{+0.2}$ mm，留预磨量</td><td></td><td></td><td></td><td></td><td></td><td></td></tr>
<tr><td></td><td></td><td>锐边倒角$C1$～$C2$ mm</td><td></td><td></td><td></td><td></td><td></td><td></td></tr>
<tr><td></td><td></td><td>掉头夹持$\phi100^{-0.1}_{-0.2}$ mm处，并校正</td><td></td><td></td><td></td><td></td><td></td><td></td></tr>
<tr><td></td><td></td><td>车端面保证总长$15^{+0.5}_{+0.4}$ mm</td><td></td><td></td><td></td><td></td><td></td><td></td></tr>
<tr><td></td><td></td><td>车30°内锥孔</td><td></td><td></td><td></td><td></td><td></td><td></td></tr>
<tr><td></td><td></td><td>锐边倒角$C1$～$C2$ mm</td><td></td><td></td><td></td><td></td><td></td><td></td></tr>
<tr><td>40</td><td>磨削</td><td>以A面为基准磨削15 mm尺寸，达到平面见光</td><td></td><td></td><td>M7130型
平面磨床</td><td></td><td></td><td></td></tr>
<tr><td></td><td></td><td>换面，配磨$\phi31$ mm，深度为6 mm尺寸（与浇口套$\phi30$ mm×6 mm台阶配磨）</td><td></td><td></td><td></td><td></td><td></td><td></td></tr>
<tr><td>50</td><td>钳加工</td><td>划线</td><td></td><td></td><td></td><td>高度尺
划线台</td><td></td><td></td></tr>
<tr><td>60</td><td>钻削</td><td>钻2×$\phi7$ mm孔</td><td></td><td></td><td>Z512型
台式钻床</td><td>$\phi7$ mm钻头</td><td></td><td></td></tr>
<tr><td></td><td></td><td>锪2×$\phi12$ mm孔</td><td></td><td></td><td>Z512型
台式钻床</td><td>$\phi12$ mm钻头</td><td></td><td></td></tr>
</table>

续表

工序号	工序名称	工序内容	车间	工段	设备	工艺装备	工时	
							准终	单件
		孔口倒角 C1 mm			Z512 型台式钻床			
		锐边倒角，去毛刺						
70	检验							

										设计（日期）	审核（日期）	标准化（日期）	会签（日期）
标记	处数	更改文件号	签字	日期	标记	处数	更改文件号	签字	日期				

5. 识读定模板的加工工艺过程卡（表 2—2—6）。定模板的毛坯来自于标准模架零件（4×M10、4×$\phi25^{+0.021}_{0}$、4×$\phi31$ mm 孔为零件自带或后续补充加工配作）。

表 2—2—6　　定模板的加工工艺过程卡

钥匙挂件注塑模 零件加工工艺过程卡			材料	45	图号	YS16		
			产品数量	1	零件名称	定模板	共　页	第　页
工序号	工序名称	工序内容	车间	工段	设备	工艺装备	工时	
							准终	单件
10	钳加工	划线				高度尺 划线平板		
20	钻、铰削	校正中心，钻、铰 $\phi12^{+0.018}_{0}$ mm 孔			X6325 型万能摇臂铣床	$\phi11.8$ mm 钻头 $\phi12$ H7 铰刀		
30	钻削	钻冷却水道 钻 $\phi6$ mm×200 mm（两处） 钻 $\phi6$ mm×150 mm（两处） 可换向钻孔，贯穿即可			Z3040 型摇臂钻床	机用平口钳 $\phi6$ mm 加长钻头		
40	钻削	钻 M10×1 螺纹孔的 $\phi9$ mm 底孔，深度为 20 mm 孔口倒角 C2 mm			Z3040 型摇臂钻床			
50	钳加工	攻螺纹 M10×1				M10×1 丝锥		
		根据实际情况设置冷却出入水口						

续表

工序号	工序名称	工序内容	车间	工段	设备	工艺装备	工时	
							准终	单件
60	检验							

										设计（日期）	审核（日期）	标准化（日期）	会签（日期）
标记	处数	更改文件号	签字	日期	标记	处数	更改文件号	签字	日期				

6. 识读动模板的加工工艺过程卡（表2—2—7）。动模板的毛坯来自于标准模架零件（4×M10、$4\times\phi12^{+0.018}_{0}$、$4\times\phi16^{+0.018}_{0}$、4×$\phi$22 mm孔为零件自带或后续补充加工配作）。

表2—2—7　　动模板的加工工艺过程卡

钥匙挂件注塑模 零件加工工艺过程卡	材料	45	图号	YS17		
	产品数量	1	零件名称	动模板	共　页	第　页

工序号	工序名称	工序内容	车间	工段	设备	工艺装备	工时	
							准终	单件
10	钳加工	划线				高度尺 划线平台		
20	钻、铰削	校正中心，钻、铰ϕ6H7穿丝孔（作为加工80 mm×120 mm方孔的校正基准）			X6325型万能摇臂铣床	机用平口钳 ϕ5.8 mm钻头 ϕ6H7铰刀		
		钻4×ϕ6 mm工艺孔			X6325型万能摇臂铣床			
40	电火花线切割加工	线切割80mm×120 mm方孔			DK7740型电火花线切割机床			
50	钻削	钻2×ϕ12 mm冷却水嘴过孔			Z3040型摇臂钻床	ϕ12 mm钻头		
60	检验	记录80 mm×120 mm方孔尺寸，以备配作型腔镶件的外形尺寸				千分尺		

										设计（日期）	审核（日期）	标准化（日期）	会签（日期）
标记	处数	更改文件号	签字	日期	标记	处数	更改文件号	签字	日期				

7. 识读支承板的加工工艺过程卡（表 2—2—8）。支承板的毛坯来自于标准模架零件（4 × ϕ11、4 × ϕ13 mm 孔为零件自带或后续补充加工配作）。

表 2—2—8　　　　支承板的加工工艺过程卡

钥匙挂件注塑模零件加工工艺过程卡		材料	45		图号	YS19		
		产品数量	1		零件名称	支承板	共　页	第　页
工序号	工序名称	工序内容	车间	工段	设备	工艺装备	工时	
							准终	单件
10	钳加工	划线				高度尺 划线平台		
20	钻削	校正中心，钻 4 × ϕ7 mm 孔			X6325 型万能摇铣床	ϕ7 mm 钻头		
		锪 4 × ϕ11 mm 孔，深度为 7 mm				ϕ11 mm 钻头		
		钻 8 × ϕ4 mm 顶杆过孔				ϕ4 mm 钻头		
		孔口倒角 $C1$ mm						
30	检验							

										设计（日期）	审核（日期）	标准化（日期）	会签（日期）
标记	处数	更改文件号	签字	日期	标记	处数	更改文件号	签字	日期				

8. 识读推杆固定板的加工工艺过程卡（表 2—2—9）。推杆固定板的毛坯来自于标准模架零件（4 × M6、4 × ϕ13、4 × ϕ18 mm 孔为零件自带或后续补充加工配作）。

表 2—2—9　　　　推杆固定板的加工工艺过程卡

钥匙挂件注塑模零件加工工艺过程卡		材料	45		图号	YS22		
		产品数量	1		零件名称	推杆固定板	共　页	第　页
工序号	工序名称	工序内容	车间	工段	设备	工艺装备	工时	
							准终	单件
10	钳加工	划线				高度尺 划线平台		
20	钻削	校正中心，钻 ϕ7 mm 孔			X6325 型万能摇臂铣床	ϕ7 mm 钻头		
		钻 8 × ϕ4 mm 孔				ϕ4 mm 钻头		

续表

<table>
<tr><th rowspan="2">工序号</th><th rowspan="2">工序名称</th><th rowspan="2" colspan="6">工序内容</th><th rowspan="2">车间</th><th rowspan="2">工段</th><th rowspan="2">设备</th><th rowspan="2">工艺装备</th><th colspan="2">工时</th></tr>
<tr><th>准终</th><th>单件</th></tr>
<tr><td></td><td></td><td colspan="6">锪 ϕ13 mm 孔</td><td></td><td></td><td></td><td>ϕ13 mm 钻头</td><td></td><td></td></tr>
<tr><td></td><td></td><td colspan="6">锪 8 × ϕ7 mm 孔</td><td></td><td></td><td></td><td>ϕ7 mm 钻头</td><td></td><td></td></tr>
<tr><td></td><td></td><td colspan="6">孔口倒角 $C1$ mm</td><td></td><td></td><td></td><td></td><td></td><td></td></tr>
<tr><td>30</td><td>检验</td><td colspan="6"></td><td></td><td></td><td></td><td></td><td></td><td></td></tr>
<tr><td></td><td></td><td></td><td></td><td></td><td></td><td></td><td></td><td></td><td></td><td rowspan="2">设计（日期）</td><td rowspan="2">审核（日期）</td><td rowspan="2">标准化（日期）</td><td rowspan="2">会签（日期）</td></tr>
<tr><td></td><td></td><td></td><td></td><td></td><td></td><td></td><td></td><td></td><td></td></tr>
<tr><td>标记</td><td>处数</td><td>更改文件号</td><td>签字</td><td>日期</td><td>标记</td><td>处数</td><td>更改文件号</td><td>签字</td><td>日期</td><td></td><td></td><td></td><td></td></tr>
</table>

二、加工钥匙挂件注塑模零件

注塑模的结构复杂，加工难度大，制造周期长，涉及加工方法和设备多，加工要求高。注塑模加工难点主要体现在成型零部件，结构复杂、形状不规则，大多为三维曲面，而且尺寸、形位公差、表面粗糙度要求高，很难用几道工序或简单的加工方法完成。加工过程中依据钥匙挂件注塑模具图样，参照加工工艺过程卡，对模具零件进行加工。

1. 加工型腔镶件

以钥匙挂件注塑模的型腔镶件 10 为例，介绍该模具零件加工。型腔镶件的主要加工工序及操作如下：

（1）工序号 50，工序名称“精铣”，工序内容“精铣六面至 $20^{+0.5}_{+0.3}$ mm × $80^{+0.5}_{+0.3}$ mm × $120^{+0.5}_{+0.3}$ mm”。该工序的工步及具体操作见表 2—2—10。

表 2—2—10　　精铣的工步及操作

工步名称	具体操作	图示
校正机用平口钳钳口	用百分表校正机用平口钳的固定钳口：纵向、垂直方向偏差均不大于 0.02 mm	

续表

工步名称	具体操作	图示
校正机用平口钳导轨	用百分表校正校正机用平口钳的导轨：纵向、横向偏差均不大于0.02 mm	
铣削厚度基准面和尺寸 $20^{+0.5}_{+0.3}$ mm	以钳体导轨面定位，使工件基准与钳体导轨面平行，铣削大平面。先加工的一面为工件厚度方向基准面；换面，精铣尺寸 $20^{+0.5}_{+0.3}$ mm	
铣削宽度基准面和尺寸 $80^{+0.5}_{+0.3}$ mm	以固定钳口面定位，使工件基准与固定钳口密合，铣削宽度方向平面。先加工的一面为工件宽度方向基准面；换面，精铣尺寸 $80^{+0.5}_{+0.3}$ mm	
校正宽度方向与水平方向的垂直度	以固定钳口面定位，使工件厚度方向基准与固定钳口密合，同时校正宽度方向基准面与水平方向的垂直偏差不大于0.02 mm	
铣削长度基准面和尺寸 $120^{+0.5}_{+0.3}$ mm	铣削长度方向平面。先加工的一面为工件长度方向基准面；换面，精铣尺寸 $120^{+0.5}_{+0.3}$ mm	

（2）工序号 60，工序名称“磨削”，工序内容“磨削至 $20^{+0.2}_{+0.1}$ mm × $80^{+0.030}_{+0.011}$ mm × $120^{+0.035}_{+0.013}$ mm”。该工序的工步及具体操作见表 2—2—11。

表 2—2—11　　磨削的工步及操作

工步名称	具体操作	图示
磨削厚度	用油石或细砂布去除电磁吸盘台面和工件基准面的毛刺，并清理干净。将工件基准面紧贴吸盘，顺长度方向放置，进行磨削 换面，磨削尺寸 $20^{+0.2}_{+0.1}$ mm，同时保证平行度公差 0.02 mm	
磨削宽度方向	去除工件毛刺；擦净台面、工件基准面；用精密平口钳夹持工件，用直角尺找正，然后夹紧工件 磨削宽度方向的一侧至见光	
磨光长度方向	将精密平口钳连同工件一起翻转 90°，磨削长度方向的另一侧面至见光	
磨削长度和宽度尺寸	用精密平口钳装夹工件，校正工件，磨削长度 $120^{+0.035}_{+0.013}$ mm 和宽度 $80^{+0.030}_{+0.011}$ mm 尺寸，同时保证工件的几何公差	

（3）工序号 80，工序名称“电火花成型加工”，工序内容“粗加工型腔，深度为 $1.8^{+0.2}_{+0.1}$ mm（两处）；精加工型腔，深度为 $2^{+0.1}_{0}$ mm（两处）”。该工序的工步及具体操作见表 2—2—12。

表 2—2—12　　电火花成型加工的工步及操作

工序名称	具体操作	图示
校正工件的 X、Y 方向	将工件放在机床电磁吸盘台面上，校正 X、Y 方向，偏差应在 0.02 mm 以内	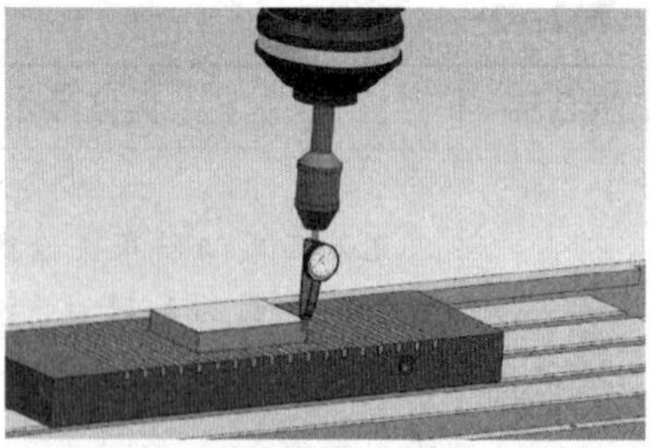
检查工件平面度	检查工件平面度，偏差应在 0.02 mm 以内	
校正电极	校正电极基准，电极“A”字形的中心位置应与工件型腔“A”字形的中心位置重合	
电火花成型加工右型腔	调整电参数，加工右型腔	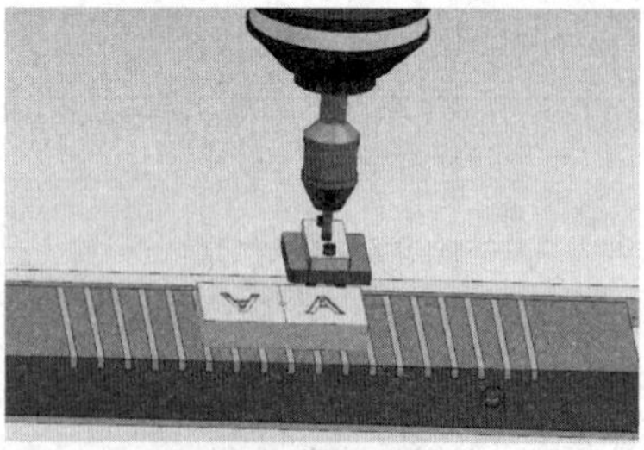
电火花成型加工左型腔	电极旋转 180°。重新校正电极，保证电极“A”字形的中心位置与工件型腔“A”字形的中心位置重合。加工左型腔	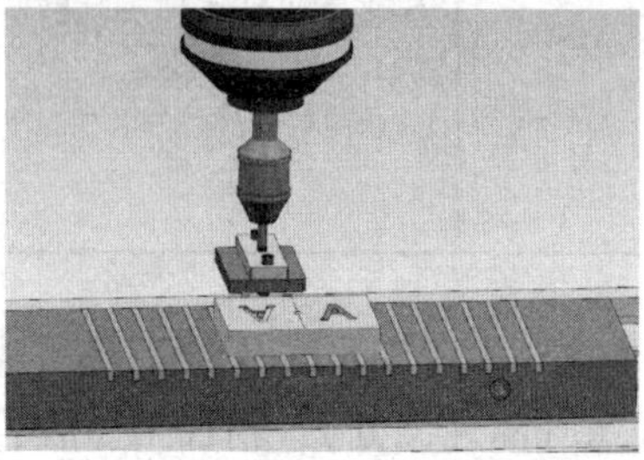

注：电极依据型腔尺寸设计加工。

2. 加工其他零件

钥匙挂件注塑模其他非标准件的加工，可根据各个零件的加工工艺过程卡自行完成，本任务略。

三、评价

钥匙挂件注塑模零件加工评分标准见表2—2—13。

表2—2—13　　钥匙挂件注塑模零件加工评分标准表

考核项目	考核内容及要求	配分	评分标准	检测结果	得分
模具零件加工	动模座板	6	尺寸及几何精度超差，不得分		
	限位钉	2	尺寸及几何精度超差，不得分		
	定模座板	6	尺寸及几何精度超差，不得分		
	型腔镶件	30	尺寸及几何精度超差，不得分		
	定位圈	3	尺寸及几何精度超差，不得分		
	小型芯	8	尺寸及几何精度超差，不得分		
	浇口套	3	尺寸及几何精度超差，不得分		
	定模板	8	尺寸及几何精度超差，不得分		
	动模板	10	尺寸及几何精度超差，不得分		
	支承板	8	尺寸及几何精度超差，不得分		
	推杆固定板	6	尺寸及几何精度超差，不得分		
安全文明生产	正确执行安全操作规程	5	每违反一项规定，扣1分		
	正确穿戴劳保用品（如工作服、工作帽等）	5	穿戴不整齐，不得分		
总计		100			

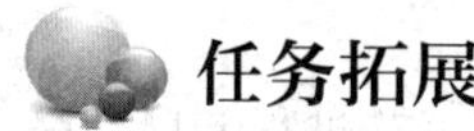

任务拓展

注塑模零件的孔加工

一、深孔加工

注塑模成型零件上常常设置有冷却水道，冷却水道的加工属于深孔加工。深孔一般定义为：深径比（即孔的深度尺寸 L 与孔的径向尺寸 D 之比）值 $L/D \geqslant 10$ 的孔为深孔。在加工中，刀具悬伸较长，刚度相对较弱，加工中易发生振动，使钻孔的导向发生偏斜，影响加工效果。切削液在加工中不易到达切削区域，造成切削区域散热困难，切屑不易排出。局部温度升高会加剧刀具“粘屑”现象，造成工件加工表面被划伤，加工质量下降。如果继续加工，最终会导致刀具折断在加工孔中，工件也会报废。

深孔钻加工中可视具体加工要求采取以下工艺措施：

1. 深孔钻加工前，需要用引导钻为深孔钻加工出引导孔。引导孔可起到导向定心作用。加工直线度要求较高的小孔时，这个步骤尤其必要。

引导钻的径向尺寸可以比深孔钻径向尺寸大，一般直径差值控制在 0.02～0.05 mm。引导钻的加工深度一般约为深孔钻的 3 倍径向尺寸。引导钻的顶角应比深孔钻的顶角大约 5°，从而保证深孔钻接触工件时顶尖比切削刃先接触工件。

2. 安装、调试机床时，尽可能保证工件孔中心轴线与钻杆中心轴线重合。

3. 根据工件材质合理选用切削用量，以控制切屑卷曲程度，获得有利于排屑的 C 形切屑。加工高强度材质工件时，应适当降低切削速度。进给量的大小对切屑的形成影响很大，在保证断屑的前提下可采用较小的进给量。

4. 为保证排屑、冷却效果，切削液应保持适当的压力和流量。加工小直径深孔时，切削液可采用高压力、小流量；加工大直径深孔时，切削液可采用低压力、大流量。

二、小孔加工

模具零件的小孔（如推杆孔、型芯固定孔等）小而深，且有配合精度要求，需要进行钻孔和铰孔工作。

钻小而深的孔时，由于钻头直径小，在与大直径钻头同样的转速下，其圆周线速度要小得多，故转速要相应提高。因线速度与半径成正比，原则上转速应与钻头的半径成正比。但考虑到生成的热量需要迅速转移，实际操作中转速调整要根据具体条件来确定。在钻孔中，当遇到阻力或因钻头弯曲而扭力增大时，钻头应立即退出，然后重新进入继续钻孔。还应注意及时排屑，改进润滑和冷却条件。

推杆孔、型芯固定孔在铰孔时，不应从型腔或型芯成型面一侧铰孔，避免由于铰刀歪斜将孔铰大，造成配合间隙超差，应从另一侧进行铰孔操作。

任务三　注塑模具装配

工作任务

钥匙挂件注塑模的零件齐备后，要根据其装配图的技术要求将零件按照正确的顺序经过组件装配、总装配，成为一副完整的模具。

相关知识

一、注塑模标准模架

模具标准化体系包括四大类标准，即模具基础标准、模具工艺质量标准、模具零部件标准及与模具生产相关的技术标准。模具标准化程度是指模具标准件使用覆盖率。模具标准化、专业化、通用化是提高整个模具行业技术水平和经济效益的手段，是模具制造业发展的必经之路。

1. 标准模架的组成

目前，模具零部件标准化主要体现在标准模架上。标准模架由模板、导柱和导套、复位杆及紧固螺钉四类零件组成。按其用途划分，模板可分为主模板（动、定模板）和结构模板（型芯、型腔固定板，动、定模座板，支承板，推件板，模脚，中间板等）两大类。任何一副模架均由动、定模板与不同的结构模板配合其他三类零件按一定的顺序组配而成。

2. 标准模架装配的技术要求

注塑模标准模架的装配精度直接决定注塑模的精度和质量，一般模架生产要保证的工艺条件有模架四周的垂直度、板件的平行度、板件平面度与侧面的垂直度、导柱和导套与模板配合的松紧程度、相对运动板件间开合的自由程度。例如，模架的上、下平面的平行度误差不大于 0.05 mm/300 mm（精度要求高的，可达 0.02 mm/300 mm）；导柱、导套轴心线对模板的垂直度误差不大于 0.02 mm/100 mm；导柱与导套的配合间隙控制在 0.02 ~0.04 mm 之间。另外，还有整套模架的外观要求，如表面粗糙度、倒角等。

二、注塑模装配要点

模具装配属单件装配生产类型，工艺灵活性大，大多数采用集中装配的组织形式。模具装配前，应仔细分析装配图和零件图，确定装配基准、模具零件和组件的装配顺

序、装配工艺方法和技术要求、检验方法和验收条件等。最后通过装配全面达到各项质量指标、模具动作精度和使用过程中的各项技术要求。

1. 注塑模各零部件按图样加工，确保加工精度和质量要求。

2. 先加工容易产生热处理变形的关键成型零件，然后依次配作其他零件。

3. 修整成型零件时，应尽可能将型芯修整为公差的上极限偏差，型腔修整为公差的下极限偏差。

4. 抛光成型零件时，抛光纹路应与脱模方向一致。

5. 带有斜拼块结构的模具闭合时，拼块底部应保留合理的间隙值，确保正式使用时能够锁紧拼块。

6. 带有斜楔锁紧装置的模具闭合时，必须在分型面留出合理的间隙值，使其在正式使用时能够产生足够的锁紧力。

7. 模具装配时，在消除零件累积误差的过程中，要以制件图为依据，确保能够成型符合产品公差范围的塑料制件。

8. 模具成型零件应合理抛光，一般成型表面的表面粗糙度值为 $Ra0.32 \sim 0.63\ \mu m$。

9. 模具装配后，往往需要经过试模、修整的过程。

三、注塑模装配技术要求

1. 模具的要求

（1）模具的闭合高度及其与注射成型机各配合部位的尺寸、推出形式、开模距等均应符合规定要求。

（2）模具所有外露的非工作部位锐边均应倒钝。

（3）大、中型模具均应设有起重吊孔及吊环。

（4）模具闭合后，各承压面之间要闭合严密，不得有较大的缝隙。

（5）动、定模座板安装面对分型面的平行度应不大于0.05 mm/300 mm。

（6）装配后的模具应打有编号和相关标记。

2. 成型零部件及浇注系统的要求

（1）模具成型面及浇注系统表面应光洁，无塌坑及伤痕。

（2）模具成型零件的形状及尺寸公差均应符合零件图要求。

（3）相互接触的承压零件之间应有适当的间隙或合理的承压面积，防止使用时直接挤坏。

（4）型腔的分型面处、浇口及进料口处保持锐边，一般不修成圆角。

（5）飞边的方向应确保不影响制件的正常脱模。

3. 紧固与活动零件的要求

（1）各活动零件装配后间隙要适当，起止位置要安装正确，不允许有卡住、歪斜现象。

（2）活动型芯、推出及导向部件运动时，滑动要平稳，动作要可靠、灵活、协调，不得有卡住及发涩现象。

（3）各镶嵌、紧固零件要紧固、安全可靠，不可松动，各紧固螺钉要拧紧。

4. 推出系统零件的要求

（1）模具推出部分应保证制件及废料能够顺利脱模。

（2）各推出零件应动作平稳，不得有卡住及发涩现象。

5. 温度调节系统的要求

（1）冷却水路要通畅，不漏水，阀门要正常。

（2）电加热系统要绝缘良好，无漏电现象，并安全可靠，能达到模具的温度要求。

6. 合模导向机构的要求

导柱、导套安装后要垂直于模座，导向精度要达到图样规定的要求。

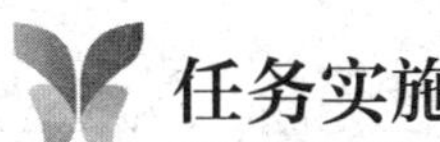

任务实施

一、钥匙挂件注塑模的装配前准备工作

1. 装配现场的清理和图样的准备

将钥匙挂件注塑模的装配图和零件图、钥匙挂件制件图套上塑料袋，整齐有序地摆放在装配现场，便于装配过程中随时对照、确认。

2. 工具、量具的准备

模具装配之前，将装配过程中可能会使用的工具和量具一一准备妥当，按规定摆放整齐，避免在装配时因缺少某一样工具或量具而影响装配工作效率。

3. 理解模具的装配图、零件图以及制件图

在装配前应根据钥匙挂件注塑模动、定模组件的装配特点，充分理解模具的装配图、零件图及制件图，明白模具零件的装配关系和各个零件的作用以及零件是否已具备了装配的条件等。

4. 模具零件的对照确认

根据零件图、装配图把握模具构造，确认各主要零件的形状、尺寸，确认各模具零件的重要尺寸精度和几何精度；与制件图对照，确认零件图的要求。

5. 选择正确合理的装配方法和装配基准

装配前必须考虑装配中模板座和成型零件的设计基准与装配基准的重合性；动、定模板的基准统一性；模具单个零件的加工误差和各零件装配后产生的累积误差（包括尺寸精度和几何精度）；模具装配尺寸链和零件之间的配合状况以及装配间隙等一系列装配和调整的问题。在装配时应选择一个正确合理的装配方法，不可盲目地拿起零件就进行装配。注塑模通常采用两种装配基准，一种是以导柱、导套等导向件作为装配基准；另一种是以型芯、型腔或型腔镶件等主要成型零件作为装配基准。

6. 装配时做好装配记录

记录装配原始数据，记录零件是否缺少，零件形状、尺寸公差等是否超差，零件装配后的装配基准误差数据、累积误差数据和实际装配修正数据等，以利于试模后做进一步的修整、装配。

二、钥匙挂件注塑模的装配

钥匙挂件的塑料材料为PP。钥匙挂件注塑模有两个型腔，动模部分采用镶拼式结构，侧浇口进料，采用标准模架AI1520A20B20C50。

注塑模装配时，应先分别组装模具的动、定模部分，然后再将装好的动模部分和定模部分总装在一起。

1. 装配动模部分

装配动模部分的工步及操作骤见表2—3—1。

表2—3—1　　装配动模部分的工步及操作

工步名称	具体操作	图示
装配前的准备	（1）按照模具图样的工艺要求对零件进行倒角，未注倒角 $C1$ mm （2）清洗镶件及模板 （3）确认模具动模部分的零件是否达到图样要求	
安装小型芯	（1）按照装配图，将冷却水道封堵好，留进、出水口 （2）用铜棒将小型芯安装到型腔镶件内，型芯高度不能低于分型面，允许高出0.02 mm（型芯高度可安装后配磨）	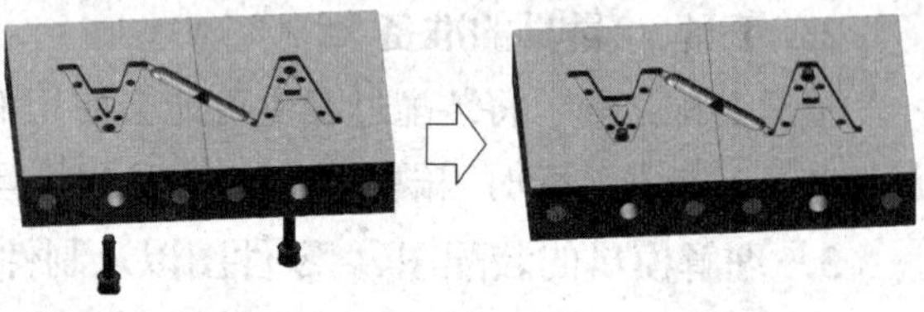
安装导柱和型腔镶件	（1）用铜棒将导柱安装到动模板内 （2）用铜棒将型腔镶件安装到动模板内，型腔镶件厚度不能小于动模板厚度	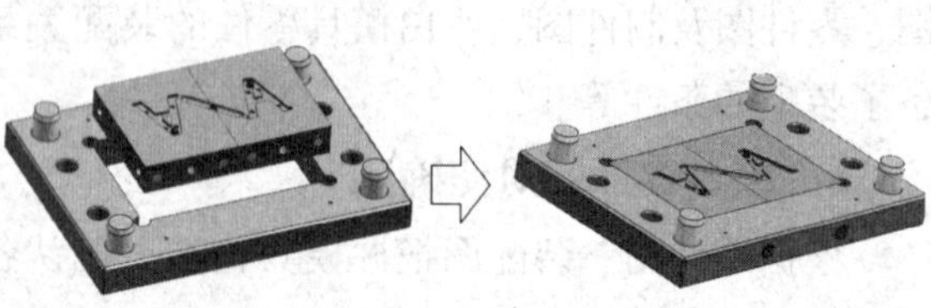
对合支撑板和动模板	将支承板与动模板对齐，用内六角扳手拧紧型腔镶件圆柱头内六角螺钉	

续表

工步名称	具体操作	图示
安装推杆和回程杆	将推杆固定板放在支承板后，装入回程杆	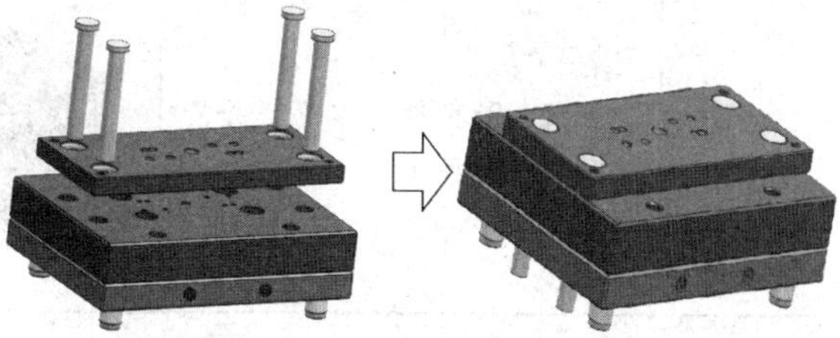
安装推杆和拉料杆	按照顺序依次装入推杆和拉料杆	
固定推杆和推板	用内六角扳手拧紧圆柱头内六角螺钉，将推板和推杆固定板紧固在一起	
放置垫块	将垫块对齐，放置在支承板上方	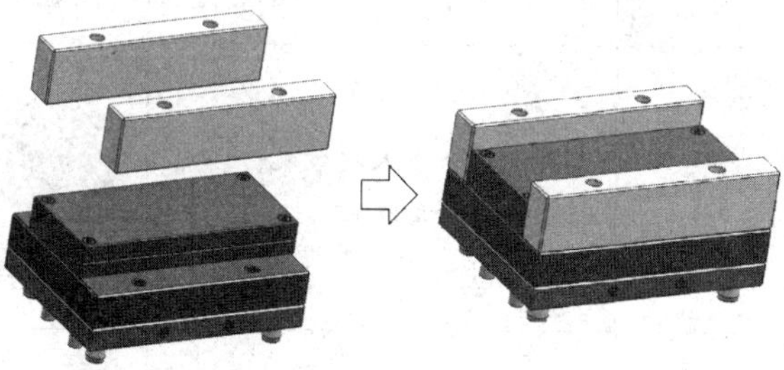
连接动模部分	将动模座板对齐，放置在垫块上方；用内六角扳手拧紧圆柱头内六角螺钉，将垫块与动模座板紧固连接；拧紧圆柱头内六角螺钉，将动模部分连成一个整体	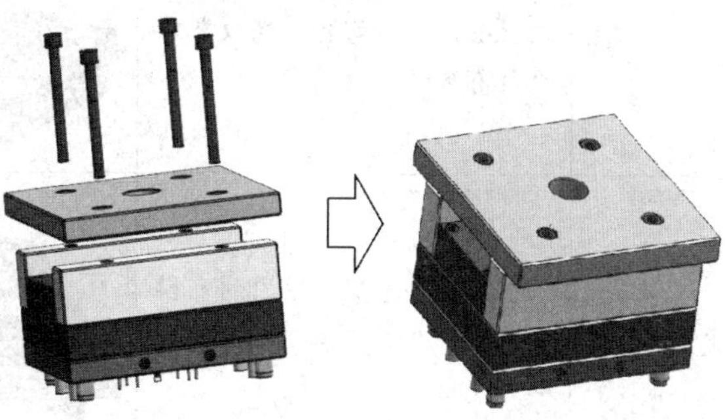

续表

工步名称	具体操作	图示
安装水嘴	安装加长型冷却水嘴，并紧固到型腔镶件上	

2. 装配定模部分

装配定模部分的工步及操作见表2—3—2。

表2—3—2　　装配定模部分的工步及操作

工步名称	具体操作	图示
装配前的准备	（1）按照模具图样的工艺要求对零件进行倒角，未注倒角 $C1$ mm （2）清洗参与装配的零部件 （3）确认模具定模部分的零件是否达到图样要求	
连接定模座板和定模板	将定模座板和定模板对齐，用内六角扳手拧圆柱头内六角螺钉，将定模座板和定模板连接。但是，螺钉不要拧紧	
安装浇口套	将浇口套放入安装孔，拧紧圆柱头内六角螺钉	
固定浇口套	将定位圈压紧浇口套，拧紧圆柱头内六角螺钉，浇口套不允许有窜动	
安装水嘴	安装冷却水嘴，紧固到定模板上	

3. 总装配

当定模部分和动模部分装配完毕，合模，完成钥匙挂件注塑模的总装配，如图2—3—1所示。为防止动模、定模部分分离，可安装模具锁扣。

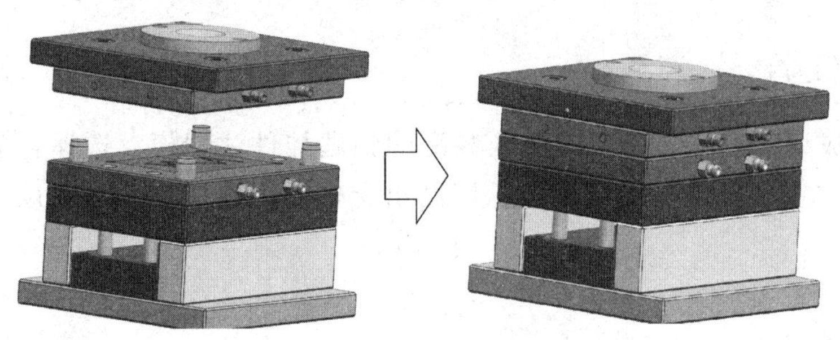

图2—3—1 钥匙挂件注塑模的总装配

三、评价

装配钥匙挂件注塑模评分标准见表2—3—3。

表2—3—3 装配钥匙挂件注塑模评分标准表

考核项目	考核内容及要求	配分	评分标准	检测结果	得分
装配前的准备	准备标准件	12	准备不齐，不得分		
	准备装配工具、量具		准备不齐，不得分		
	准备耗材		准备不齐，不得分		
装配动模部分	按合理装配顺序进行操作，满足装配技术要求	24	装配工艺不合理，每次扣2分		
装配定模部分	按合理装配顺序进行操作，满足装配技术要求	24	装配工艺不合理，每次扣2分		
总装配	按合理装配顺序进行操作，满足装配技术要求	20	装配工艺不合理，每次扣2分		
检验	模具满足试模要求	10	试模不符合要求，不得分		
安全文明生产	正确执行安全技术规程	5	每违反一项规定，扣1分		
	正确穿戴劳保用品（如工作服、工作帽等）	5	穿戴不整齐，不得分		
总计		100			

任务四　注塑模具调试

工作任务

在注射成型机上安装、调试已经装配的钥匙挂件注塑模，选择合适的注射成型工艺参数，正确操作注射成型机，试制出合格的钥匙挂件，达到该模具的技术要求。

相关知识

注塑模调试是在注射成型机上进行的，是模具生产的重要环节之一。模具调试人员应了解模具结构，根据塑料性能，选择合理注射成型工艺参数，操作注射成型设备，验证所设计模具的可生产性，优化注射成型的工艺参数，使注射制件符合设计标准和质量要求。

一、注射成型机及其选用

1. 注射成型机的分类

注射成型机是塑料注射成型的主要设备，按照其外形可分为立式、卧式、直角式、多模注射成型机等；根据螺杆的类型可分为螺杆式、柱塞式注射成型机。目前，应用最广泛的是螺杆卧式注射成型机。

2. 卧式注射成型机的结构组成

卧式注射成型机的注射装置和合模装置的轴线呈一线，并按水平排列，如图 2—4—1 所示。卧式注射成型机的优点是便于操作和维修，机床重心低，比较稳定；成型的塑件推出后可利用自重自动落下，易于实现自动操作。卧式注射成型机对大、中、小型模具都适用，注射量 60 cm^3 及以上的注射成型机均为螺杆式注射成型机。其缺点是模具安装困难。

（1）塑化注射系统

塑化注射系统的主要作用是使塑料物料均匀地塑化成熔融状态的熔体，并以一定的注射压力和注射速度，把一定量的塑料熔体注入成型模具的模腔中。塑化注射系统的组成如图 2—4—2 所示。其中，塑化装置主要包括螺杆、机筒（料筒）和喷嘴。

在塑化装置中，螺杆是关键部件，负责塑化物料并将其注进模具腔体；机筒是重要部件，它与螺杆共同完成对物料的输送、塑化和注射；而喷嘴则是机筒与模具之间的连接桥梁，是注射时熔体高速注入模具的通道。

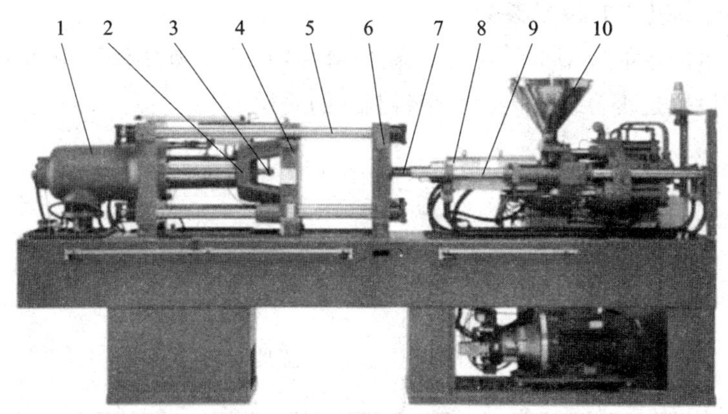

图 2—4—1 卧式注射成型机（螺杆式）

1—电动机 2—合模系统 3—顶杆 4—动模板 5—导柱（拉杆）
6—定模板 7—喷嘴 8—机筒 9—螺杆 10—料斗

（2）合模系统

合模系统（又称为锁模系统）的作用是保证成型模具灵活、准确、迅速、可靠和安全地启闭。合模系统的组成如图 2—4—3 所示。其中，模板主要用于安装导柱、合模机构、顶出机构等；导柱用于连接前模板、后模板，并保证动模板平行移动。

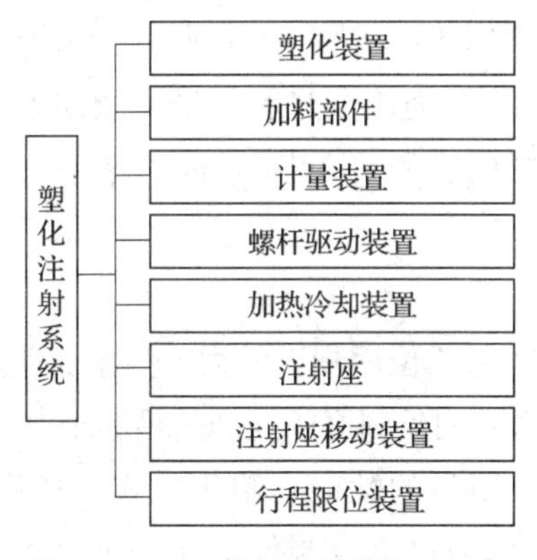

图 2—4—2 塑化注射系统的组成

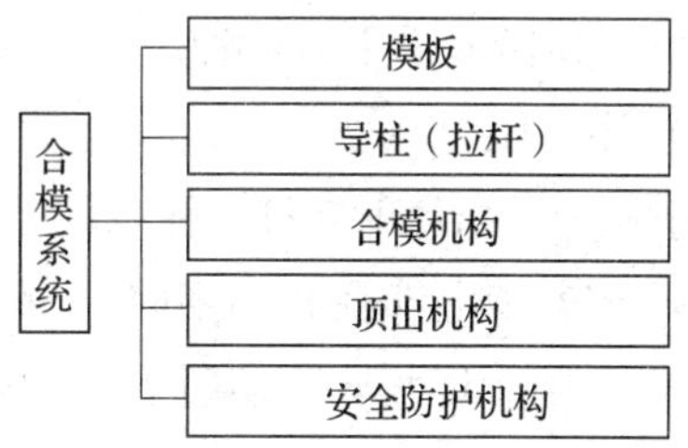

图 2—4—3 合模系统的组成

由于注入模具腔体的塑料熔体具有很高的压力，为防止塑料熔体外溢，保证模具腔体严密闭合，要求合模系统能够产生足够的合模力（又称为锁模力）。

（3）液压传动系统

作为动力系统的液压传动系统，其作用是保证注射成型机能够按照预定的工艺过程要求（如压力、速度、温度、时间等）和动作顺序准确、有效地工作。

（4）电气控制系统

电气控制系统的作用是与液压传动系统相互协调，完成注射成型机的各项预定动作。

3. 注射成型机主要技术参数

注射成型机的注射成型工艺过程如图 2—4—4 所示，其中涉及很多重要的技术参数。技术参数设置是否合理直接影响塑料制件的质量。

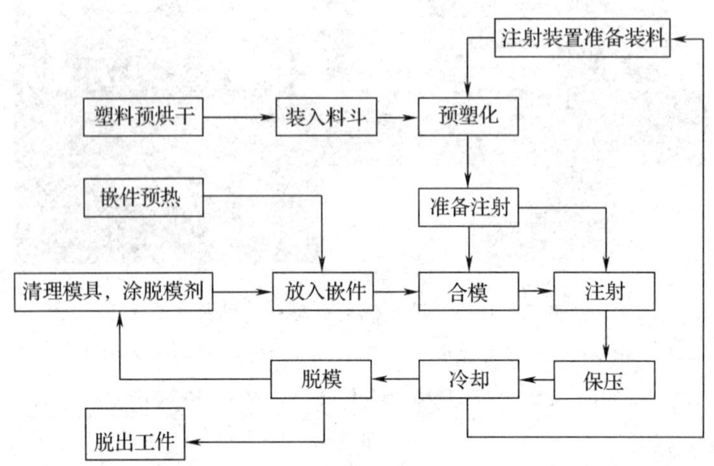

图 2—4—4　注射成型工艺过程

(1) 注射量

注射量是指注射成型机在对空注射的条件下，注射螺杆或柱塞做一次最大注射行程时注射装置所能达到的最大注射量。注射量在一定程度上反映了注射成型机的加工能力，标志着能成型的最大塑料制件，因而经常被用作注射成型机规格的参数。

注射量一般有两种表示方法：一种是以聚苯乙烯为注塑材料标准，用注射出熔料的质量（单位：g）表示；另一种是用注射出熔料的容积（单位：cm^3）表示。我国注射成型机系列标准采用后一种表示方法。

(2) 注射压力

注射压力是指注射螺杆或柱塞的端部作用在物料单位面积上的力。为了克服熔料流经喷嘴、浇道和型腔时的流动阻力，螺杆（或柱塞）对熔料必须施加的足够压力。

注射压力的大小与流动阻力、制件的形状、塑料的性能、塑化方式、塑化温度、模具温度及制件精度要求等因素有关。如果注射压力过高，制件可能产生毛边，脱模困难，影响制件光洁程度，使制件产生较大内应力，甚至成为废品。如果注射压力过低，则易产生物料不能充满模腔，甚至制件无法成型等现象。

(3) 注射速度与注射时间

注射速度表示每秒钟注入模腔的最大熔料体积。注射时间是指注射螺杆或柱塞向模腔内注射最大容量的物料时所需要的最短时间。

注射成型机分高速、低速两种。注射速度或注射时间的选定很重要，直接影响制件的质量和生产率。如果注射速度过低（即注射时间过长），制件易形成冷接缝，不易充满复杂的模腔。如果注射速度过高，熔料高速流经喷嘴时易产生大量的摩擦热，使物料发生热解和变色，模腔中的空气由于被急剧压缩而产生热量，在排气口处有可能出现制件烧伤的现象。常用注射速度及注射时间的参考数值见表2—4—1。

表2—4—1　　常用注射速度及注射时间的参考数值表

注射量（cm^3）	125	250	500	1 000	2 000	4 000	6 000	10 000
注射速度（cm^3/s）	125	200	333	570	890	1 330	1 660	2 000
注射时间（s）	1	1.25	1.5	1.75	2.25	3.01	3.75	5

（4）塑化能力

塑化能力是指单位时间内所能塑化的物料量。显然，注射成型机的塑化装置应该在规定的时间内保证能够提供足够量的塑化均匀的熔料。

（5）合模力

合模力是指注射成型机的合模机构对模具所能施加的最大夹紧力。在合模力的作用下，模具不应被熔融的塑料顶开。同注射量一样，合模力在一定程度上反映出注射成型机所能塑制制件的大小，是一个重要参数。所以，部分国家采用最大合模力作为注射成型机的规格标称。

注射成型时为使模具不被熔融的物料顶开，合模力 F 应为：

$$F \geqslant KPS/1\,000$$

式中　F——合模力，kN。

P——注射压力，N/cm^2。

S——制件在模具分型面上的投影面积，cm^2。

K——压力损失的折算系数，一般在0.4～0.7之间选取。对黏度小的塑料（如尼龙）取0.7，对黏度大的塑料（如聚氯乙烯）取0.4；模具温度高时取大值，模具温度低时取小值。

（6）合模装置的基本尺寸

合模装置的基本尺寸包括模板尺寸、导柱空间的最大距离、模板间最大开距、动模板的行程、模具最大厚度与最小厚度等。这些参数规定了注射成型机所加工制件使用的模具尺寸范围，亦是衡量合模装置好坏的参数。

（7）开、合模速度（动模板移动速度）

为使模具闭合时平稳以及开模、推出制件时不使制件损坏，要求模板慢行。但是，模板又不能在全行程中慢速运行，这样会降低生产率。因此，在每一个成型周期中，模板的运行速度是变化的，即：在合模时从快到慢，开模时则由慢到快再到慢。目前国产注射成型机的动模板移动速度：高速为12～22 m/min，低速为0.24～3 m/mim。

4．注射成型机的选用及参数校核

注射成型机选用涉及两个方面：第一，确定注射成型机型号，使注射成型机规格参数满足注射成型工艺的要求；第二，调整注射成型机技术参数，直至满足所需要求。

其具体过程分为以下三个阶段：

（1）根据塑料的品种，塑料制件的结构、成型方法、生产批量，现有设备及注射工艺，选择注射成型机类型。

（2）根据以往的经验和注塑模大小，初步选择注射成型机型号。

（3）校核注射成型机参数，以满足生产的要求。注射成型机参数校核通常包括五方面：最大注射量校核、注射压力校核、合模力校核、安装部分尺寸校核、开模行程和顶出机构形式校核，相关要求见表2—4—2。

表2—4—2　　注射成型机参数校核

校核参数	校核要求
最大注射量	塑料制件连同浇注系统凝料在内的质量一般不应大于注射成型机的公称注射量的80%
注射压力	注射成型机的公称压力要大于塑料制件成型的压力
合模力	高压塑料熔体充满模腔时产生的推力应小于注射成型机的公称合模力，否则将产生溢料现象
安装部分尺寸	模具的设计应校对喷嘴尺寸、定位圈尺寸、最大模具厚度、最小模具厚度及模板上的螺孔尺寸
开模行程和顶出机构形式	塑料制件从注塑模中取出时所需的开模距离必须小于注射成型机的最大开模距离，否则塑料制件无法从模具中取出 校核顶出机构的形式，包括中心顶杆机械顶出、两侧双顶杆机械顶出、中心顶杆液压顶出与两侧双顶杆机械顶出、中心顶杆液压顶出与其他辅助油缸联合作用

二、注射成型机安全操作规程

1. 开机前的安全操作规程

（1）清理设备周围的环境，不允许存放与生产无关的物品。

（2）清理工作台及设备内外的杂物，用干净棉纱擦拭注射座及合模部分的导柱。

（3）检查设备的控制开关、按钮、电气线路、操纵手柄、手轮有无损坏或失灵现象。各开关、手柄应在“断”的位置上。

（4）检查设备各部分安全防护装置是否完好及工作灵敏度、可靠性。设备上的安全防护装置（如机械锁杆、止动板、安全防护开关等）不准随便移动，更不允许改装或故意使其失去作用。

（5）检查急停按钮是否有效可靠；安全门滑动是否灵活，开、关时是否能够触动限位开关。

（6）检查部位螺钉是否拧紧，有无松动。发现零部件异常或有损坏现象，及时报告，通知维修人员处理。

（7）检查冷却水管路，通水试验，查看水流是否通畅，是否堵塞或滴漏。

（8）检查料斗内是否有异物。料斗上方不许存放任何物品，料斗盖应盖好，防止灰尘、杂物落入料斗内。

2. 开机的安全操作规程

（1）合上机床总电源开关，检查设备是否漏电，按设定的工艺温度给机筒、模具进行预热。在机筒温度达到工艺温度时必须保温 20 min 以上，确保机筒各部位温度均匀。

（2）打开油冷却器冷却阀门，对回油进行冷却。先以点动形式启动油泵，未发现异常现象，方可正式启动油泵。待荧屏上显示“马达开”后，油泵才能运转，检查安全门的作用是否正常。

（3）手动启动螺杆转动，查看螺杆转动时有无异响或卡滞。

（4）操作人员必须使用安全门。如果安全门行程开关失灵，不准开机。严禁不使用安全门（罩）进行操作。

（5）运转设备的电器、液压及转动部分的各种盖板、防护罩等要盖好，固定好。

（6）任何人未经允许都不准触碰设备的按钮、手柄，不允许两人或两人以上同时操作一台注射成型机。

（7）安放模具时要稳、准、可靠。合模过程中发现异常应立即停机，通知相关人员排除故障。

（8）注射成型机维修或较长时间（10 min 以上）清理模具时，一定要先将注射座后退，使喷嘴离开模具，关闭电动机。维修人员维修设备时，操作人员不允许脱岗。

（9）维修注射成型机或模具时，不允许启动注射成型机的电动机。

（10）人的身体进入机床内或模具开挡内时，必须切断电源。

（11）避免在模具打开时用注射座撞击定模，以免定模脱落。

（12）对空注射一般每次不超过 5 s。连续两次注射不动时，注意通知邻近人员避开危险区。清理喷嘴胶头时，不准直接用手清理，应用铁钳或其他工具，以免发生烫伤。

（13）因为熔胶筒在工作过程中处于高温、高压状态，所以禁止在熔胶筒上踩踏、攀爬及搁置物品，以防烫伤、电击及火灾。

（14）当料斗不下料时，不准使用金属棒（或杆）粗暴地捅料斗，避免损坏料斗内分屏、护屏罩及磁铁架。如果在螺杆转动状态下，用金属棒捅料斗，极易发生金属棒卷入机筒，从而造成设备严重损坏。

（15）机床运行中发现异响、异味及火花、漏油等情况时，应立即停机，及时向有关人员报告，并说明故障现象及可能的原因。

3. 关机的安全操作规程

（1）关闭料斗闸板，正常生产至机筒内无料，或手动操作对空注射（即预塑）反复数次，直至喷嘴无熔料射出。

（2）如果生产具有腐蚀性的材料（如 PVC），停机时必须将机筒、螺杆清洗干净。

(3) 关机时，使注射座与固定模板脱离，模具处于开模状态。

(4) 关闭冷却水管路，把各开关旋至“断”的位置。最后一班时要将机床总电源关闭。

(5) 清理机床工作台及地面杂物、油渍及灰尘，保持工作场所干净、整洁。

三、注塑模在注射成型机上的安装方法

1. 吊装方法

模具可以根据工作现场的实际情况，确定采用整体吊装方式或者分体吊装方式。小型模具一般采用整体吊装，大、中型模具可以采用分体吊装。

2. 固定方法

注塑模的动、定模固定板要分别安装在注射成型机的动、定模板上。模具在注射成型机上的固定方法有两种。一种是用螺钉固定，模具固定板与注射成型机上的螺纹孔应完全吻合，特别是大型模具采用螺钉固定较为安全。另一种是用螺钉、压板固定，只要在模具固定板上安放压板的位置外侧附近有螺纹孔，就可以固定。因此，压板固定具有较大的灵活性。

四、注塑模试模时的常见问题及调整方法

注塑模在注射成型机上试模的过程中，如果塑件出现缺陷，应首先调整注射成型工艺参数，使塑件达到质量要求。如果注射成型工艺参数调整后，塑件仍然不能达到质量要求，应考虑修整模具。注塑模试模时的常见问题及调整方法见表2—4—3。

表2—4—3　　注塑模试模时的常见问题及调整方法

常见问题	产生原因	调整方法
模具开合动作不顺	模架导柱与导套滑动不顺，配合过紧	修配或者更换导柱、导套
复位、推出动作不顺	复位杆、推杆滑动不顺，配合过紧	检查并修配复位杆、推杆
模具与注射成型机安装位置不匹配	定位圈位尺寸过大或过小	过小则更换定位圈，过大则调整定位圈位置尺寸
	模具顶杆孔的位置、尺寸与注射成型机的顶杆不符	调整模具顶杆孔的位置、尺寸
冷却水道不通	模具冷却水道堵塞，进、出水管接头连接方式错误	检查冷却系统进、出水管接头连接方式及各段水道，修整有关零件
制件有飞边	分型面间隙过大	合理调整间隙及修磨分型面
	注射压力过大	减小注射压力
	合模力不足	增加合模力

续表

常见问题	产生原因	调整方法
制件填充不满	排气不畅	料流末端加工排气孔（或槽）
	浇口尺寸小	检查浇注系统各段流道和浇口，修整有关零件
	塑化不均匀，温度不够	提高料筒温度
	注射压力过小	加大注射压力
制件熔接线明显	模具温度低	改善浇口，提高模具温度或材料温度

五、注塑模质量检测及交付验收

1. 质量检测

为确保模具能生产出合格的制件，正常投入生产，保证模具使用寿命，满足产品设计的生产使用要求，按照制件质量、模具结构、注射成型工艺要求等方面的模具相关标准，对模具质量进行评估。注塑模质量检验所依据的国家标准包括《塑料注射模技术条件》（GB/T 12554—2006）、《塑料注射模零件》（GB/T 4169.1～4169.23—2006）、《塑料注射模模架技术条件》（GB/T 12556—2006）、《塑料模塑件尺寸公差》（GB/T 14486—2008）。

2. 模具交付验收

模具要根据试模样件检验报告和结论、试模状态记录或模具验收技术要求及验收标准进行验收。

（1）制件和模具的验收

最能反映模具质量的是最后一次试模所提供的制件（即样件）。模具验收时，首先要验收样件。样件作为模具验收时的一个重要依据，其基本尺寸及精度可以反映模具的制造精度。通常模具制作人员把样件保存并交付模具验收人员。

验收样件至少在塑件成型或要求的后处理完成 16 h 之后进行。验收的标准环境温度为（23±2）℃，相对湿度为 50%±6%，露点温度为 21℃，大气压为 890～1 060 hPa（百帕），空气流速不大于1 m/s，或者所测得的数值用相应的长度膨胀系数加以修正。样件验收时，要检测其尺寸、形状等是否符合制件零件图的技术要求。

然后，要对模具的外观质量、主要零件的基本尺寸、主要结构件的工作状况、模具材料、易损件及备件的配备情况等进行验收。

（2）模具资料的移交

确认模具合格后，模具生产者需将样件(5 件)和模具资料移交给模具使用者。其书面资料包括制件图和排样图、模具装配图和零件图、模具用料清单、配件采购清单、模具检测报告。

（3）填单装箱

模具验收时应填写验收单，交付双方的负责人应在验收单上签字。验收合格的模具装箱交货。装箱应有装箱清单，写明装箱物品名称、数量、日期等。

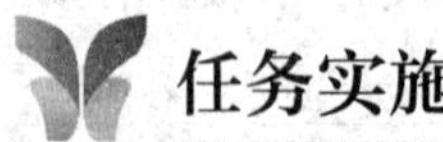

任务实施

一、安装钥匙挂件注塑模

1. 模具的吊装

经检查后，将注塑模装上吊环，在注射成型机上进行整体吊装。吊装时，由一人指挥，操作要慢、稳。操作人员应在模具一侧，控制并防止模具离地后出现大幅度的摆动。模具在机床上方开始下放时，操作更要慢而稳，以防碰坏机床或模具。严禁模具吊在空中无人控制；严禁任何人站在模具下方。模具与机床定位孔对准后，慢慢合拢机床与模具。此时机床不加压，吊具不松吊。操作机床喷嘴慢慢靠近，轻轻接触浇口套，同时查看是否对正。经检查，模具各部分正常，可稍加压力，然后松开吊具，进行模具的紧固。

2. 模具的固定

用压板、螺钉将模具的动、定模分别固定在注塑成型机的动、定模板上。螺钉、压板的固定位置和压紧位置分配要合理。紧固时要按对角线同时拧紧，用力均匀，逐步增加拧紧力，避免一处完全拧紧后再拧另一处。大型、特大型模具除增加压板尺寸和螺钉数量以外，还应在模具的下方安装支承压板，协助承载模具的重量，以保证模具和机床的安全和生产的顺利进行。

二、调试钥匙挂件注塑模

1. 识读钥匙挂件注塑模的加工工艺卡

（1）聚丙烯（PP）塑料成型工艺特性

制件的材料采用聚丙烯（PP），PP是一种半结晶性材料。聚丙烯密度低，无色、无味、无毒，外观与聚乙烯（PE）相似，呈白蜡状，密度为0.9～0.91 g/cm^3。收缩率一般为1.8%～2.5%。注射用PP材料如果储存适当则不需要干燥处理。熔化温度为164～170℃。模具温度为40～80℃，建议采用50℃为宜。结晶程度主要由模具温度决定。

（2）钥匙挂件注射加工工艺卡

注射加工工艺卡是注射成型生产中重要的工艺文件。影响塑料成型工艺的因素很多，需要控制的工艺条件也多，且各工艺条件之间关系又很密切，所以必须根据塑料的特性和实际情况全面分析。参照给出的钥匙挂件注射成型加工工艺卡（表2—4—4），在试模过程中根据塑件成型的实际情况及塑件的检验结果，对工艺条件逐步进行修正。

表 2—4—4

钥匙挂件注射成型加工工艺卡

×××××××（企业名称）		注射加工工艺过程卡				文件编号		实施日期	
顾客名称						版本号		页　码	
零件名称	钥匙挂件	模具名称	钥匙挂件注塑模	原材料名称	PP	原材料厂家		零件净重	5 g
总成名称		零件号		原材料牌号		产品颜色（色号）	蓝色	消耗定额	

模具	编号	YS00	注射成型工艺	料筒及流道温度（℃）	第一段	180 ±5	注射压力(MPa)	第一段	80 ±5	速度比一（%）	80 ±5	位置一	30 ±5	注射成型时间（s）	注射	3 ±2
	型腔数	2/1			第二段	220 ±5		第二段	70 ±5	速度比二（%）	20 ±5	位置二	15 ±5		保压	—
	附件	—			第三段	225 ±5		第三段	—	速度比三（%）	—	位置三	—		冷却	储前 5 ±3
		—			第四段	225 ±5		第四段	—	速度比四（%）	—	位置四	—			
	嵌件（mm）	—			第五段	215 ±5	保压	压力（MPa）		速度比（%）	时间（s）	转保压	—		成型周期	20 ±3
					第六段	—						储料位置	105 ±5			
		—			流道 1							射退位置	115 ±5	油温（℃）	—	
	总高（mm）	160			流道 2			—		—	—	背压（MPa）	1.0 ±0.5	模温（℃）	50 ±5	
	顶出高（mm）	5 ~8			流道 3	—		—		—	—	合模力（MPa）	60 ±5	冷却水	动、定模水冷	
					流道 4	—						水流量	—	水温	常温	

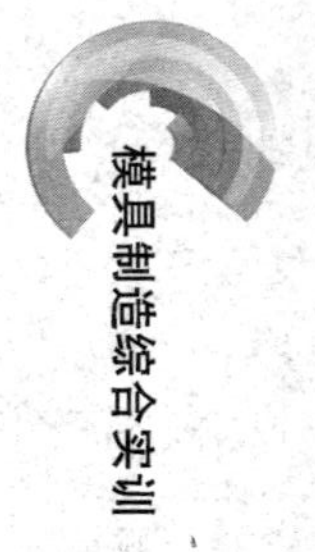

续表

序号	作业内容	工装/设备	不符合要求时的反应计划		压力(MPa)	速度比(%)	位置(mm)	时间(s)
1	按规定的要求进行原材料干燥处理	烘干料斗温度(80～90)℃		中子A进				
2	原料放入料斗，按以上工艺参数设定后进行注射成型。前20模制件作为废品处理	注射成型机型号：PL1200/370		中子A退				
3	按“开门→取出产品→除浇口→关门”的顺序操作		——	中子B进				
4	对产品的外观进行自检	——	立即与工艺人员联系	中子B退				
5	对外观合格产品去除毛刺及飞边	修边刀	——		装箱图示			
6	将合格产品放入周转箱中	周转箱	重放					
7								
设备波动正常范围：温度±5℃	编制/日期		会签/日期					
注：压力的单位为MPa，速度比的单位为%，温度的单位为℃，位置的单位为mm，时间的单位为s，水流量的单位为L/min	审核/日期		批准/日期					

* 注射成型机的控制系统面板以百分比值显示“速度”，实际是速度比。速度比是指机床实际所设置的注射速度与该注射成型机的额定（最大）注射速度的百分数比值。该机床的额定（最大）注射速度为100%。

2. 钥匙挂件注塑模试模

钥匙挂件注塑模的试模参照注射加工工艺过程卡进行，过程如下：

（1）准备 PP 塑料，放入烘干料斗，将干燥温度设置为 80℃，做好试模前准备。

（2）将模具安装、固定到注射成型机上，连接冷却水管，调试模具顶出装置、合模装置等，检查模具活动部位，准备试模。

（3）按照注射加工工艺卡的要求，在注射成型机上设置好温度、时间、压力等工艺参数。

（4）当注射成型机温度达到设定值并保持 0.5 h 后，可以进行试模。试模过程应遵守注射成型机安全操作规程。

（5）试模过程中应记录试模条件，并修订注射成型加工工艺卡；在样件的不良位置做出标记，并提出相应的改善建议。

（6）测量样件，判定是否符合塑件质量要求。

（7）反复试模、调整，直至样件达到质量要求，才能保证模具可以正常生产。

三、验收钥匙挂件注塑模

钥匙挂件注塑模在制作、安装、调试完毕后，需进行验收。验收的主要项目有塑件外观、尺寸，模具外观、成型零部件材料和硬度、浇注系统、合模导向机构、顶出机构、温度调节系统、排气系统、支承零部件等。验收时填写“塑料模具检查验收报告”（表 2—4—5）。

表 2—4—5　　塑料模具检查验收报告

模具名称		模具编号	模具数量	制造商名称		
钥匙挂件注塑模		YS00	1 副			
参照标准	《塑料注射模技术条件》（GB/T 12554—2006） 《塑料注射模零件》（GB/T 4169.1～4169.23—2006） 《塑料注射模模架技术条件》（GB/T 12556—2006） 《塑料模塑件尺寸公差》（GB/T 14486—2008）					
检查项目				检查结果		
类别	序号	要求	检查现象描述	合格	可接受	不可接受
塑件外观、尺寸	1	产品表面不允许缺陷				
	2	熔接痕、收缩、变形				
	3	制件的几何形状、尺寸及精度、壁厚				
模具外观	1	模具铭牌标识内容完整，字符清晰，排列整齐				

续表

类别	序号	要求	检查现象描述	合格	可接受	不可接受
模具外观	2	冷却水嘴应有进出标记				
	3	模具安装尺寸应符合指定注塑机的要求				
	4	模架表面不应有凹坑、锈迹等及影响外观的缺陷				
	5	模具应便于吊装、运输				
模具零件	1	模具模架应选用符合标准的标准模架				
	2	模具成型零件材料性能符合图样要求				
	3	标准件性能符合国家标准				
顶出及复位件	1	顶出时应顺畅，无卡滞，无异常声响				
	2	顶杆不应上下窜动				
	3	顶杆孔与顶杆的配合间隙、封胶段长度、顶杆孔的表面粗糙度应按相关企业标准要求				
	4	复位杆端面平整，固定凸台底部无垫片				
	5	导套底部应开制排气口				
冷却系统	1	冷却系统应充分畅通				
	2	系统在0.5 MPa压力下不得有渗漏现象，易于检修				
浇注系统	1	浇口设置应不影响制件外观				
	2	流道加工符合图样要求				
	3	拉料杆工作应固定可靠				
成型部分分型面排气槽	1	动、定模表面不应有不平整、凹坑、锈迹等其他影响外观的缺陷				
	2	镶块与模框配合，模框四周尖角处可以钻工艺孔				
	3	分型面封胶部分无凹陷				

续表

类别	序号	要求	检查现象描述	合格	可接受	不可接受
成型部分分型面排气槽	4	排气槽深度应小于塑料的溢边值				
	5	小型芯碰穿面（即小型芯与分型面的贴合面）应研配到位				
注射成型工艺	—	模具在正常注射成型工艺条件范围内，应具有注射生产的稳定性和工艺参数调校的可重复性				
包装、运输	1	模具型腔应清理干净，喷防锈油				
	2	滑动部件应涂润滑油				
	3	浇口套进料口应用润滑脂封堵				
	4	模具应安装锁扣，规格符合设计要求				
	5	模具产品图、结构图、冷却加热系统图、热流道图、零配件及模具材料供应商明细、使用说明书，试模情况报告、检测合格证等均应齐全				

结果评估：

评估人：

四、评价

安装、调试钥匙挂件注塑模评分标准见表2—4—6。

表2—4—6　　安装、调试钥匙挂件注塑模评分标准表

考核项目	考核内容及要求	配分	评分标准	检测结果	得分
准备工作	熟悉模具的结构及工作原理	2	工艺文件准备不齐，不得分		
	检查模具的安装条件	3	操作不规范，每次扣1分		
	检查注射成型机的工作状态	5	操作不规范，每次扣1分		

续表

考核项目	考核内容及要求	配分	评分标准	检测结果	得分
准备工作	全面检查模具的质量	5	操作不规范，每次扣1分		
	规范清洗模具	5	操作不规范，每次扣1分		
	合理布置装配、调试的工作场地	5	场地布置不规范，不得分		
安装、调试	模具正确吊装到注塑机上	15	安装顺序不合理，每次扣1分		
	合理调整注射成型机及工艺参数	15	调整不规范，每次扣1分		
	试模	15	试模过程不规范，每次扣1分		
检测塑件	塑件外观质量	5	不符合图样要求，不得分		
	塑件尺寸精度	5	尺寸超差，不得分		
模具验收	按照验收单内容验收	10	一项不合格，扣1分		
安全文明生产	正确执行安全技术规程	5	每违反一项规定，扣1分		
	正确穿戴劳保用品（如工作服、工作帽等）	5	穿戴不整齐，不得分		
总计		100			